Avec ou "sans contact" ?

Mille milliards de puces RFID ?

Étienne Lemaire

Postface de Benjamin Caillard

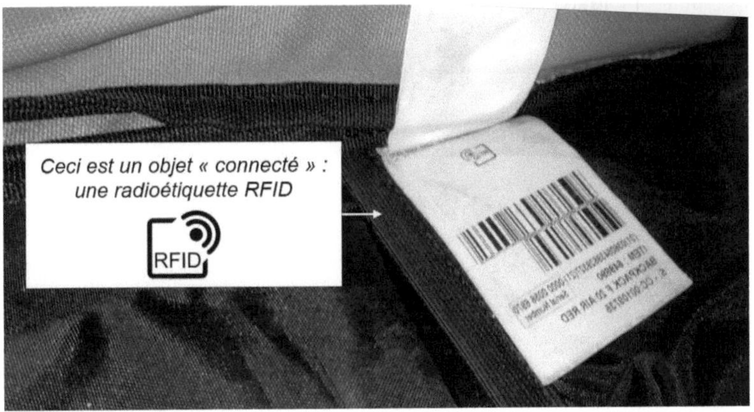

© 2021, Étienne Lemaire
Édition : BoD – Books on Demand, info@bod.fr
Impression : BoD – Books on Demand, In de Tarpen
42, Norderstedt (Allemagne)
Impression à la demande
DÉPÔT LÉGAL : OCTOBRE 2021
ISBN 978-2-3223-9991-8

Bardé de puces

« En achetant un vêtement au magasin, ai-je aussi
acheté un objet connecté ?
Dans mon portefeuille, ai-je aussi compté mes quelques
cartes connectées ?
Radioétiquettes, cartes à puces et autres badges
d'accès,
Sans contact, ou NFC, seraient-ils tous RFID ?
Sont-ils autant de composants électroniques plus ou
moins désuets ?
Consommables ?
Recyclables ?
Ou jetables ?
Et si l'on parle d'emballages ou de déchets,
Qu'en est-il de ces puces qui les collent de près ?

Y-aurait-il de petits bijoux technologiques,
Discrets, transparents, mais à usage unique ?

Aujourd'hui, beaucoup de nos déchets seraient-ils donc
connectés ?
Et quand les déchets sont pucés, peuvent-ils toujours
être recyclés ? »

…

I - Introduction

Spontanément, notre comportement de consommateur s'adapte aux différentes stratégies et expériences de vente qui nous sont proposées. Nous n'avons bien souvent même pas le temps d'envisager, ne serait-ce qu'une seconde, la complexité technologique des objets que nous achetons ou qui permettent cet acte d'achat. Ainsi le shopping est devenu une activité, voire même un loisir comme un autre, banal, simple, accessible à tous...
Dans ce magasin là, vous faites vos achats en mettant comme d'habitude vos articles dans votre panier. Et puis vous passez au travers d'un portique, ou bien vous placez le panier dans un caisson et la facture s'affiche sur un écran. Il n'y a alors plus qu'à payer avec sa carte de crédit sans contact ou avec la puce NFC[1] de son smartphone. C'est chouette la technologie, vous venez de gagner 10 minutes ! C'est du temps gagné dans votre matinée shopping, peut-être aurez-vous le temps de faire une boutique de plus ?

Cette expérience d'achat, certains d'entre vous l'ont peut-être déjà expérimentée dans certains magasins en France ou

---

[1] NFC : Near Field Communication (CCP : Communication en Champ Proche, en français !). En pratique, la technologie NFC communique par induction électromagnétique entre deux bobines compatibles de périphériques différents.
Certains smartphones ont un lecteur intégré, dit sans-contact, et peuvent échanger des données de 106 à 424 kbit/s sur la bande radio 13,56 MHz (cf. ISO / IEC 18000-3).

ailleurs dans le monde. Elle est possible grâce à la technologie RFID[2].

L'histoire ne s'arrête pourtant pas là. En rentrant chez vous, vous allez jeter l'emballage du produit ou bien couper l'étiquette d'identification des vêtements fraîchement achetés. C'est à cette deuxième partie de l'histoire et aux tenants et aboutissants associés, auxquels nous allons nous intéresser dans ce livre. Aujourd'hui tous les produits vendus sont identifiés par un code barre. Ces mêmes produits auront-ils tous un jour une radioétiquette en plus ou en remplacement d'un code barre ?

Qu'avons-nous réellement jeté, en mettant à la poubelle l'étiquette d'identification ou l'emballage contenant une puce RFID? Combien en consomme-t-on par an ? Quels sont les impacts énergétiques et environnementaux induits par cette technologie RFID? Qu'implique-t-elle, quels services et quelles prouesses technologiques permet-elle ? En quoi est-ce une technologie incontournable pour l'industrie ? Est-elle utile pour le client ou consommateur final ? Est-elle recyclée ? Recyclable ? Quelles sont les dernières innovations "vertes" en la matière ? Etc.

Dans ce livre nous menons l'enquête et nous tentons de répondre le plus précisément possible à ces questions. Mais me direz-vous, pourquoi se poser ces questions ?

Voici quelques éléments de réponse. Tout d'abord, en tant que citoyen et consommateur, nous avons le droit et le devoir de savoir ce que nous jetons. Dans un monde de plus en plus technologique, mais aussi de plus en plus contraint, nous avons le devoir de développer un sens critique sur notre

---

[2] RFID : L'Identification Radio-Fréquence (Radio Frequency IDentification), plus de détails ainsi que les différentes catégories de cette technologie seront explicités par la suite.

consommation et sur nos déchets. Encore faut-il être au courant ! Il est très probable que beaucoup d'entre nous aient déjà découpé l'étiquette d'un vêtement fraîchement acheté. Puis nous avons mis ensuite l'étiquette à la poubelle sans nous poser plus de questions. Et pourtant, derrière ce geste anodin, nous avons mis alors à la poubelle bien plus qu'un bout de métal sur du plastique. En effet, se trouve alors dans la poubelle une antenne métallique sur un support papier ou plastique, et surtout une puce silicium. Celle-ci inclut différentes fonctions digitales telles qu'une mémoire de 96 à 128 bits, un registre à décalage, un oscillateur, un démodulateur et un régulateur de tension. Ces fonctions ou "blocs spécialisés" sont "gravés" et interconnectés sur la puce silicium. En pratique, ce circuit numérique sera bien souvent plus complexe afin que la puce ait une mémoire programmable, puisse répondre à un protocole de communication, et à différentes requêtes ou encore à une lecture simultanée de plusieurs puces. En bref, dans la poubelle, se trouve un concentré de technologie qui ne devrait peut-être pas s'y trouver ! Mais comme les étiquettes RFID ne sont pas classifiées comme déchets électroniques, personne n'y trouve rien à redire. Et ces puces silicium à usage unique se retrouvent dans nos poubelles domestiques… Pourtant, la puce embarquée est tout aussi complexe et coûteuse à produire énergétiquement et environnementalement qu'une puce de télécommande de télévision, ou que celle d'un boîtier de télépéage. Ces deux objets sont pourtant classés comme dispositifs électroniques.

La première raison d'en savoir plus sur ces étiquettes RFID est que nous sommes utilisateurs massifs de technologies, et parfois à notre insu. Alors que la technologie est parfois cachée et que nous la jetons, nous sommes en droit de savoir quel est le cycle de vie réel du produit et de connaître les pollutions potentielles et l'impact environnemental associé.

Une autre raison de s'intéresser aux puces RFID jetées et jetables concerne les ressources nécessaires à produire un tel concentré de technologie. En effet, les nanotechnologies permettant la fabrication des puces sont particulièrement gourmandes en énergie et en ressources, et notamment de matériaux dit "stratégiques". Ces matériaux - dont les métaux de terres rares - deviennent critiques pour la fabrication des nanotechnologies[3]. Dans le même temps, certains matériaux dangereux intégrés dans les puces électroniques ont un impact sur l'environnement qui devient problématique à l'échelle planétaire[4]. Pourtant, malgré leur faible concentration dans la nature, la dissémination technologique de très petites quantités de matériaux stratégiques continue d'augmenter. De ce fait le recyclage et la récupération des métaux critiques sont difficiles et consomment beaucoup d'énergie[5]. La technologie RFID participe-t-elle à la dissémination de déchets électroniques ? Peut-on parler de micro-déchets ? Qu'en est-il du recyclage des puces RFID ? Utilise-t-elle des matériaux rares et stratégiques non recyclés ? La RFID générera-t-elle un volume de données important dans les *Clouds* ? Peut-on parler d'un Internet des Objets[6] jetables ?

---

[3] Campbell, G. A. (2014). Rare earth metals: a strategic concern. *Mineral Economics, 27*(1), 21-31.

[4] Jaiswal, A., Samuel, C., Patel, B. S., & Kumar, M. (2015). Go green with WEEE: Eco-friendly approach for handling e-waste. *Procedia Computer Science, 46*, 1317-1324.

[5] Haque, N., Hughes, A., Lim, S., & Vernon, C. (2014). Rare earth elements: Overview of mining, mineralogy, uses, sustainability and environmental impact. *Resources, 3*(4), 614-635.

[6] Internet des Objets (IdO), Internet of Things (IoT) : interconnexion ou lien entre Internet et des objets, des lieux et des environnements physiques, source: https://fr.wikipedia.org/wiki/Internet_des_objets

Approfondissons donc le sujet afin de savoir ce qui se cache derrière ces étiquettes RFID jetables et ce qui les accompagne...

Prototype d'étiquette RFID jetable à découper

Histoire de Ralph

Ce matin-là, Ralph était posté debout contre le montant extérieur de la porte de la boulangerie rue Montgolfier. Il portait sa sacoche en bandoulière bien en évidence. Celle-ci était orientée de telle sorte que les clients qui entraient ou sortaient de la boutique la frôlaient en passant. Il avait dans la main gauche un petit écriteau "J'ai faim" et dans sa main droite, un petit gobelet pour récolter des pièces, au cas où. En effet, il ne comptait pas trop dessus. D'une part les gens avaient de moins en moins de monnaie sur eux, et d'autre part la solidarité était une valeur en phase d'endormissement profond dans la société. C'est tout juste si elle était encore légale, disait-il.

Pour voler discrètement, Ralph avait investi, il avait récupéré ce terminal de paiement sans contact. Il l'avait amené à son pote Clément qui le lui avait trafiqué. Ce dernier avait changé l'antenne et modifié le gain de l'amplificateur radiofréquence. De ce fait, son lecteur NFC pouvait lire sans problème à 80 cm de l'antenne qui faisait dès lors plus de 25 cm de diamètre. Bien dissimulée dans la sacoche, le système était imparable. La plupart des cartes bleues sans contact qui passaient dans le champ de l'antenne étaient prélevées. "TAXE DE PASSAGE" qu'il disait à ses amis les plus proches qui savaient de quoi il vivait. De combien était le prélèvement frauduleux ? Exactement le prix d'une baguette, soit 95 centimes, facturé au nom de "Boulangerie M". Diablement malin n'est-ce pas ? Qui pourrait remarquer ce prélèvement si insignifiant ? Qui surtout oserait protester pour un double paiement de sa baguette payée le plus souvent sans contact dans les grandes villes ?

Pour la plupart des personnes, ce vol à la tire digital fonctionnait à merveille et de manière parfaitement transparente. Malgré tout, un client pointilleux, le genre à éplucher ses comptes au centime près, finissait toujours par s'apercevoir d'une facturation supplémentaire anormale...

Ce jour-là, il entendit un client se plaindre auprès d'une vendeuse. Il ne payait jamais sa baguette sans contact et donc il devait y avoir erreur sur son relevé. Il voulait une baguette gratuite pour la réparation du préjudice... À l'écoute des bribes de conversation qu'il réussit à entendre, Ralph se prépara à quitter tranquillement les lieux. Une fois le client parti avec sa baguette de pain gratuite, il attendit que dix heures sonnent à l'église d'à côté et il dit adieu à ce spot lucratif. La clientèle de cette boulangerie lui avait assuré plus de 150 euros par jour durant cinq semaines. Il fallait maintenant récupérer une partie de son butin. Il alla donc au distributeur d'un quartier voisin. Il sortit sa carte bleue pour tirer 350 euros, c'était le maximum autorisé en liquide ce jour-là pour lui. Sur sa carte bleue, il avait fait une petite entaille de 5 millimètres qui coupait l'antenne de la puce NFC, histoire de ne pas se faire avoir à son propre jeu...

Ralph, vivait de cette arnaque depuis presque trois ans. Il changeait régulièrement de quartier et de cible. Au départ, il avait commencé dans le métro, prélevant des "cotisations comptes A..." de 1,90 à 3,45 euros suivant son humeur. Ces sommes plus importantes lui avaient valu des ennuis avec la police. Il gagnait trop et son montage financier trop simpliste à l'époque, avait été démasqué. Il avait échappé de justesse à une interception policière en flagrant délit.

Le jour où il avait failli être pris la main dans le sac, sa prudence et son instinct l'avait sauvé in extremis. Il avait senti le danger lorsque le métro arrivait en station car il avait repéré juste à temps les deux agents en civil au sein de la rame. Avant que le train ne s'arrête, il avait également vu les policiers sur le quai. Il avait alors très discrètement déposé son matériel de "quête digitale" dans la poussette d'une petite fille d'un an. Celle-ci, depuis son entrée dans la rame, jouait à lui lancer son doudou qu'il avait ramassé un certain nombre de fois. En faisant quelques sourires et plusieurs grimaces, il avait accroché le regard de l'enfant qui avait joué avec lui. Profitant de l'un des ramassages de doudou, il avait discrètement glissé son matériel peu volumineux sous la poussette en même temps qu'il redonnait son nounours délavé à la petite fille. À cette station-là, la maman et sa fille étaient descendues.

Des contrôleurs accompagnés de policiers filtraient la sortie du quai et contrôlaient les titres de transport. C'était la station où Ralph descendait le plus souvent. Le matériel NFC mal caché dans la poussette fut rapidement repéré par les policiers. La maman et sa fille furent donc interpellées par erreur sur le quai. La maman fit une telle scène et un tel scandale qu'elle obligea les deux policiers en civil à sortir de la rame. Le métro dut repartir, les voyageurs pressés n'aimant jamais attendre trop longtemps. Ce jour-là, la Police laissa donc filer le vrai coupable, qu'ils étaient pourtant sur le point d'attraper.

Cette expérience avait servi d'avertissement à Ralph. Il savait qu'il n'aurait pas de seconde chance. Pourtant, il ne s'était pas arrêté, et il avait préféré continuer après avoir tout repensé et optimisé pour prendre moins de risques.

Tout d'abord, il avait changé de ville. Puis, il n'avait ciblé que des espaces ouverts, avec plusieurs possibilités de fuites. Ensuite, il avait fortement réduit les montants prélevés, de manière à être "sous la couverture radar" comme il disait. Il avait également anonymisé son circuit financier.

Pour cela, il avait acheté une identité extra-européenne sur le Darknet, puis avait ouvert quelques boutiques en ligne bidons sur des serveurs étrangers. Puis par un chemin tortueux d'échanges de crypto-monnaies il convertissait son magot dans deux devises virtuelles successives. Ensuite il récupérait son argent en euros à son nom sur une plate-forme américaine qui lui fournissait une carte Visa Gold Premium. "La classe quoi !" se plaisait-il à dire à son entourage. Sur le Web, l'identité factice de Ralph parodiait celle d'un expert en "fintech". En France, dans le monde réel, c'était juste un faux sans-domicile-fixe qui dormait presque chaque soir dans un squat différent. Parfois, il se louait un Airbnb juste pour lui. C'était son moyen à lui de se connecter, un peu, à la Startup-Nation. La belle arnaque disait-il...

II - Radioétiquettes, RFID, c'est-à-dire ?

Tout d'abord, essayons de définir les contours de cette technologie RFID aux multiples facettes. Radioétiquette, NFC[7], badge Vigik, carte de cantine, etc. contiennent différentes versions de cette même technologie.

La technologie de l'identification par radiofréquence (RFID) n'est rien d'autre qu'un système permettant de communiquer sans fil entre deux ou plusieurs objets. Généralement, les puces RFID sont autoalimentées, via l'antenne par un champ électromagnétique qui est également le support physique de l'échange d'information. Un émetteur envoie un signal radio et un ou plusieurs récepteurs répondent en fonction du signal reçu. Sans rentrer dans les détails technologiques, la liaison RFID peut être vue comme une interface digitale sans fil. Comme le sont également le *Bluetooth*, le wifi ou encore la radio numérique terrestre[8]. À l'inverse de cette dernière, la RFID est bidirectionnelle, c'est-à-dire que l'information circule dans les deux sens, du lecteur aux étiquettes intelligentes et de celles-ci au lecteur. Le support physique du signal RFID est une onde électromagnétique. On distingue principalement deux fréquences (et donc deux principaux usages) pour la RFID. La première est la technologie NFC ou RFID-HF qui communique autour de 13,56 MHz[9]. Cette technologie permet

---

[7] NFC: Near Field Communication (NFC)

[8] Radio numérique terrestre (RNT) ou DAB+ (Digital Audio Broadcasting)

[9] Une technologie plus ancienne, la RFID-LF communique sur une fréquence porteuse à 125 kHz et fonctionne de la même manière que la technologie NFC : 1 lecteur <-> 1 tag communiquant par induction électromagnétique grâce à des antennes en forme de bobines.

une communication par induction électromagnétique à courte distance (quelques centimètres) entre deux antennes en forme de bobines. La seconde est la technologie RFID-UHF qui opère dans la bande 860-960 MHz. Celle-ci permet une plus longue portée (jusqu'à 10 mètres) ainsi que la lecture simultanée de plusieurs étiquettes présentes dans la zone de limite de réception du signal. D'autres bandes de fréquences peuvent être considérées pour la technologie RFID, les HF et UHF étant les plus utilisées aujourd'hui.

Une carte de bus ou de métro ou encore un badge VIGIK®[10] utilisent plutôt la technologie NFC, où un seul utilisateur badge sur un seul lecteur pour obtenir un accès ou déclencher une action : l'ouverture d'une porte d'immeuble, la rotation d'un tourniquet ou la validation d'un abonnement. Nous sommes dans une relation 1:1 entre un lecteur RFID-HF et un badge RFID-HF. Un utilisateur "loin" du lecteur (plus de 30 cm) ne pourra être identifié, ni déclencher une ouverture de porte ou une quelconque action du lecteur. L'utilisateur doit faire l'action de "badger", c'est-à-dire d'approcher sa carte à quelques centimètres du lecteur pour que la lecture RFID-HF puisse se faire. La faible portée nécessaire pour la communication HF par induction électromagnétique est donc exploitée de fait comme un atout pour les scénarios d'utilisation cités. Pour la technologie UHF, c'est différent. La portée est potentiellement bien plus grande si elle n'est pas volontairement bridée. Elle est généralement de l'ordre de 10 mètres. Ceci est dû à la nature et à la fréquence de l'onde électromagnétique transmise. En UHF, on exploite une transmission hertzienne principalement par le champ

---

[10] Vigik est un pass ou un badge d'accès pour les entrées d'immeubles par exemple. Plus d'information sur
https://fr.wikipedia.org/wiki/Vigik

électrique. L'antenne est de type dipôle ou éventuellement monopole, ce n'est donc plus simplement une induction électromagnétique entre deux bobines comme dans le cas d'un transformateur électrique (comme pour la RFID-LF ayant une porteuse soit de 125 kHz, ou HF de 13,56 MHz). On retrouvera par exemple cette technologie de plus longue portée pour faire l'inventaire rapide de produits tous étiquetés avec des étiquettes RFID-UHF, ou encore pour identifier le contenu d'un panier ou d'un carton contenant plusieurs produits radio-étiquetés. Nous avons donc plus généralement une relation 1:N entre un lecteur RFID-UHF et N produits étiquetés qui seront lus simultanément. C'est la technologie que l'on peut trouver dans certains magasins de vêtements ou de sports qui ont adopté la technologie RFID-UHF dans leur chaîne de production et d'approvisionnement. Chaque produit vendu est identifié à chaque étape de la chaîne avec un identifiant et une radio-étiquette RFID unique et jetable.

Les puces RFID actuelles intègrent un niveau de complexité digitale proche d'une calculatrice des années 90. En effet, ces puces modernes peuvent être assimilées à des "microcontrôleurs sans fil". À titre d'illustration, un schéma bloc issu d'une documentation technique du fabricant NXP est présenté à la suite. Derrière l'antenne, un modem permet de décoder l'information digitale. Ensuite un processeur avec des fonctions cryptographiques intégrées permet de traiter l'information échangée. Une mémoire intégrée à la puce vient compléter cette mini-architecture numérique. C'est cette même architecture qui est présente a minima dans tous les systèmes à processeurs numériques.

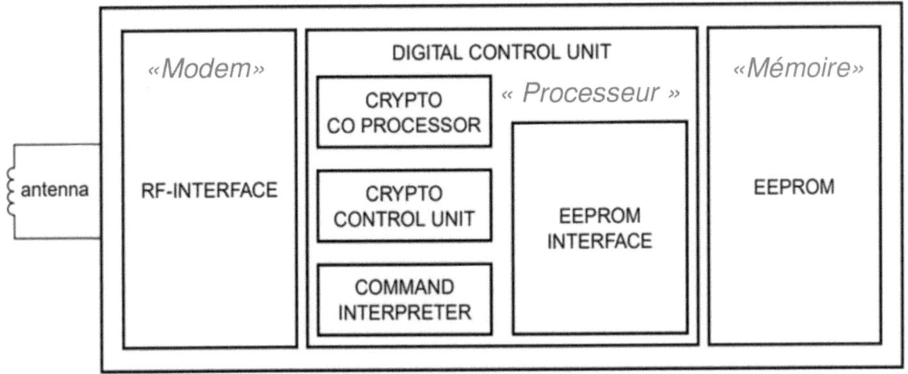

Exemple de schéma bloc d'une puce RFID présentant les unités radiofréquences (RF, « Modem »), de traitement (« processeur ») ou de stockage de l'information (« mémoire ») - [source : datasheet NXP - MF0ICU2].

Finalement, quelle que soit la fréquence de communication RFID, la puce aura une architecture digitale ressemblante afin de traiter des informations d'accès, de référencement, d'identification ou encore des données bancaires ou biométriques. Cette architecture digitale permet des niveaux de fonctionnalités de plus en plus avancées (notamment cryptographiques). Elle va donc nécessiter un processus de nanofabrication complexe, digne de ceux employés pour les puces de tous nos objets connectés. Des ressources très diverses, et des procédés parmi les plus avancés inventés par l'Homme, sont mis en place pour garantir ces fonctionnalités numériques, qui une fois dans notre poche, nous sont rapidement familières.

Histoire de Fanny

Fanny travaille chez un marchand de vin branché qui s'équipe toujours des technologies dernier cri. Dernièrement son patron a investi, il est passé à la RFID. Toutes les bouteilles de son magasin sont radio-étiquetées. De ce fait, Fanny passe chaque soir la raquette dans la boutique. La raquette ? C'est ce lecteur sans contact grand format qui répertorie à distance toutes les étiquettes qu'il lit. Cela remplace l'inventaire, c'est super pratique.

Ce soir-là, les clients du jour, au nombre de quatorze, avaient tous bipé en sortant du magasin afin de faire sortir automatiquement du stock les bouteilles fraîchement achetées. Les bouteilles sorties correspondaient bien à celles encaissées, pas de vol donc.

Pourtant, Fanny avait comme un doute. Dans la caisse de Morgon, il manquait deux bouteilles. Et dans celle de Loupiac c'était trois bouteilles qui avaient disparu. Les deux caisses étaient entrouvertes et ce n'était pas l'habitude de la maison.

Fanny entreprit donc de compter toutes les bouteilles de Morgon et toutes celles de Loupiac. Pour ces deux appellations d'origines contrôlées, elle n'avait heureusement que deux références : Château des Jacques et Château de Ricaud. Le comptage fut donc rapide et en moins de cinq minutes elle avait pu retrouver seize bouteilles des Jacques et neuf bouteilles de Ricaud. Des caisses entamées mais non refermées, c'est cela qui lui semblait louche. Elle afficha donc l'état des stocks sur le logiciel : Jacques=18 ; Ricaud=12. Cinq bouteilles avaient bel et bien disparu.

Fanny pensa à appeler son patron mais se ravisa. Elle pouvait résoudre seule ce problème et tenter de retrouver les bouteilles. Elle venait d'avoir une idée quand un client tardif s'arrêta devant la porte du magasin. Elle lui fit signe que c'était fermé mais celui-ci entra tout de même. Quand il franchit le seuil de la porte, elle le dévisagea et pensa qu'elle avait déjà vu ce client. Elle initia la conversation :

- Bonsoir Monsieur, il est tard, le magasin ...
- Bonsoir Madame, le patron n'est pas là ce soir ?
- Non.
- Désolé pour l'heure tardive, mais j'ai une grosse commande à vous passer, ce serait dommage de ne pas la prendre n'est-ce pas ? Hervé (le patron) m'a dit que je pouvais passer.

Fanny, déjà légèrement énervée, eut envie de l'envoyer paître, mais elle se retint à la mention du prénom de son patron.

- Ok, faites vite. Je n'ai pas bouclé l'inventaire. Que vous faut-il ?
- Je croyais que votre patron avait fait installer un inventaire automatique sans contact ? Ce n'est pas le cas ?
- Si. Mais voyez-vous, l'appareil enregistre des codes-barres, pas des bouteilles.
- C'est la même chose non ?
- Normalement oui, mais il se trouve qu'il me manque cinq bouteilles. Elles figurent dans l'inventaire du logiciel après le scan de la boutique, mais elles manquent lorsque je les compte à la main...
- Vous avez dû vous tromper, la machine exécute son programme sans faire de fautes normalement.
- Oui, peut-être, enfin... Revenons à votre commande ?
- Ah oui, c'est vrai ! Alors il me faut une caisse de Pape-Clément, une caisse de Clos de Sarpe et qu'est-ce que vous avez en Loupiac ?
- Une seule référence : le château de Ricaud.
- Très bien, j'en prends deux caisses.
- Ok, par contre je ne pourrai vous en fournir qu'une seule...

- *Ah bon ? J'en vois deux juste là.*
- *Oui mais celle-ci est à moitié vide.*
- *Bon et bien tant pis, je la prends à moitié vide.*
- *C'est noté, je vais chercher la caisse de Grave et celle de Saint-Emilion et je reviens.*
- *Faites donc.*

Fanny alla chercher les deux caisses de Bordeaux dans l'arrière-boutique et fut saisi d'un doute. "Et si c'était mon voleur", pensa-t-elle. Elle prit alors la première caisse de vin devant elle et s'en retourna au pas de course à la caisse. Son client était accroupi sur des références de vin de Bourgogne. Rien ne semblait avoir bougé.

- *Heu… Je me suis trompé de référence. Je reviens. Lui dit-elle une caisse à la main.*
- *Hum ? fit le client, plongé apparemment dans la lecture attentive des étiquettes des bouteilles.*

Fanny retourna dans la cave, prît le plus rapidement possible les deux caisses commandées afin de laisser le moins longtemps possible son client seul dans la boutique. Le moins qu'on puisse dire, c'est que celui-ci ne lui inspirait pas du tout confiance.

- *Et voici les deux caisses de Bordeaux…*
- *Des grands crus s'il vous plaît.*

Fanny ne releva pas.

- *Vous payez comment ?*
- *En espèces.*
- *Très bien.*

Fanny somma les articles sur le logiciel de caisse, fit apparaître le montant côté client. Celui-ci paya la totalité en grosses coupures….

- *Vous pouvez garder la monnaie.*

Il s'empara ensuite d'un diable qui était contre le mur, et comme s'il était chez lui, il chargea sa cargaison de vin dessus.

- Ma voiture est un peu plus loin, je vous le ramène tout de suite.
- Voulez-vous de l'aide pour le chargement ?
- Non merci, ça ira.

Le client quitta le magasin, Fanny en profita pour préparer la fermeture. Dès le retour du diable, elle pourrait fermer la boutique.

Fanny avait éteint la lumière et abaissé le rideau métallique de moitié quand le client revint avec le diable.

- Merci. Lui dit-elle en glissant le diable par la porte entrouverte.
- Merci de m'avoir servi à cette heure tardive. Souhaiteriez-vous déguster une de ces bonnes bouteilles avec moi ?
- Non. Désolée. Ce soir c'est impossible. Lui répondit-elle poliment.

Le client s'en alla. Fanny inspira un grand coup et souffla lentement comme pour se calmer. "C'est fou ça, il faut que ce soit le client le plus insupportable de la soirée qui me drague", pensa-t-elle. Pourtant elle en avait oublié l'erreur d'inventaire. Elle réglerait le problème demain.

Le lendemain, Fanny arriva à la boutique sur le coup de huit heures. Le magasin ouvrant à neuf heures trente, elle aurait le temps de s'occuper de son problème de bouteilles manquantes pensa-t-elle. Elle ouvrit donc la boutique, prépara les présentoirs et mit tout en place pour accueillir les nouveaux clients. Une fois la préparation terminée, Fanny reprit la caisse de Morgon anormalement ouverte. Elle l'inspecta sous tous les angles et trouva ce qu'elle cherchait. Deux radioétiquettes étaient collées sous la caisse de vin. Le voleur de bouteilles avait été malin. Il avait retiré ce qu'il devait appeler des étiquettes "antivols" qui auraient fait sonner le portique de *sécurité s'il était sorti avec les bouteilles étiquetées sans les payer.*

Fanny reprit les transactions de la veille pour passer en revue la journée. Trois étiquettes devaient être collées sur la caisse de Loupiac à moitié remplie, emportée par son dernier client. Mais il avait payé en cash et elle n'avait ni son nom, ni son prénom, pas de trace donc... Comme la caisse avait quitté la boutique, le portique aurait dû sonner pour les étiquettes correspond à des bouteilles non payées. Comment était-ce possible ?

Fanny décida de refaire l'inventaire sans contact. Elle repassa la raquette dans la boutique et... toujours aucune bouteille manquante d'après le logiciel.

Fanny se mit donc en quête de radioétiquettes décollées et jetées quelque part par le prétendu voleur.

À ce moment-là, son patron arriva.

> - *Bonjour Fanny, que fais-tu ?*
> - *Je cherche des étiquettes, il nous manque des bouteilles.*
> - *Ah... C'est moi. Je ne t'ai pas dit, j'ai pris trois bouteilles de Loupiac dans le stock avant-hier. J'ai rangé les étiquettes dans le tiroir-caisse.*

Une fois de plus, Fanny prit sur elle pour ne pas montrer son agacement profond à l'égard de son patron. Elle ouvrit donc la caisse enregistreuse, souleva les rouleaux de monnaie et vit, collées sur un papier, les trois petites radioétiquettes mentionnées par son patron.

Afin de ne pas mettre à mal l'exactitude des comptes, Hervé lui donna l'argent correspondant aux trois bouteilles. Puis, elle fit bipper les trois produits et les encaissa.

> - *Il y a aussi encore deux bouteilles que...*
>   *Son patron n'écoutant pas, il l'interrompit :*
> - *C'est formidable cette technologie n'est-ce pas. Même sous un tas de pièces métalliques les étiquettes ont été*

détectées lors de ton inventaire rapide ! C'est incroyable !

- *C'est sûr, c'est vraiment puissant... Et d'ailleurs du point de vue de l'intensité des antennes, ça n'est pas dangereux pour la santé tous ces systèmes sans fils ?*
- *Non pas à ce que je sache, répondit Hervé la mine fermée, visiblement vexé que son employée ne partage pas son enthousiasme technologique...*

III-Radio-étiquettes : utilisations, applications et marchés

Pourquoi la RFID est une technologie en pleine expansion et en plein déploiement ? La réponse est simple, c'est une technologie incroyable avec une très grande gamme d'applications actuelles et futures et des opportunités de marché énormes ! Celui-ci a atteint 11 milliards de dollars en 2019 et devrait atteindre les 13 milliards en 2022[11].
Depuis peu, la version UHF (ultra-hautes fréquences) de la technologie RFID permet de scanner simultanément un ensemble d'étiquettes jusqu'à une distance de 10 mètres ! Et cela avec des antennes toujours plus petites. Cela a ouvert le champ à un grand nombre d'applications et d'opportunités. Aujourd'hui on constate que des secteurs industriels entiers sont en train de prospecter voire d'intégrer la technologie RFID et que les potentiels sont énormes.

Commençons par une des applications bien connue de la RFID : l'identification ou le contrôle d'accès par badge ou carte. Cette application s'est bien développée ces dernières années au point que nous soyons tous pleins de puces (RFID bien sûr). En effet, nous avons tous sur nous plusieurs cartes communicantes. La carte bancaire sans contact, celle des transports en commun, le badge d'accès à la résidence, les cartes étudiantes, de la bibliothèque, du travail pour les employés, de la cantine des enfants, ou encore celle des forfaits de skis… Toutes les longueurs d'ondes de la RFID[12]

---

[11] IdTech, RFID Forecasts, 2019-2028,
https://www.idtechex.com/en/research-report/rfid-forecasts-players-and-opportunities-2019-2029/700
[12] Les longueurs d'ondes de la RFID se distinguent majoritairement en deux catégories : les basses fréquences 125 kHz et 13.5 MHz qui fonctionnent par induction (deux

sont dans nos poches ! Heureusement, nous ne jetons pas ces cartes tous les jours et nous les réutilisons de nombreuses fois. Ce n'est pas un produit ou sous-produit directement jetable comme le sont les étiquettes textiles à découper. Pourtant malgré la réutilisation, ces "cartes communicantes" sont souvent jetées et non recyclées (ni même recyclables). N'avez-vous jamais découpé puis jeté une carte de crédit sur les conseils de votre banquier afin de la détruire et de la rendre inopérante ?

Nos animaux aussi en sont bien équipés ! Chiens et chats peuvent être "pucés" avec un implant ou un collier RFID. Les vaches, les moutons et brebis ont bien souvent aussi des étiquettes RFID accrochées à l'oreille afin d'assurer la traçabilité des cheptels et de la viande. Et puis en pleine nature, les animaux sauvages suivis ou réintroduits ont tous au moins un badge ou un implant RFID voire d'autres technologies communicantes.

Dans le secteur marchand, des grands magasins ou des réseaux de boutiques s'intéressent évidemment à cette technologie. Pour optimiser les coûts, diminuer la charge opérationnelle ou encore faciliter l'identification ou améliorer la traçabilité des objets, les entreprises se tournent de plus en plus vers la RFID. Par exemple, un inventaire de produits préalablement étiquetés avec des puces RFID permet de ne plus avoir à compter les produits, ni même à les voir ou à les déplacer d'un rayonnage ou de les sortir d'un carton. Le simple

---

antennes en forme de bobines) à faible distance. C'est la technologie que l'on retrouve encore majoritairement dans les badges et les cartes. Puis la RFID haute fréquence (HF), et UHF (ultra-hautes fréquences), notamment autour de 860 MHz, qui communique avec des antennes monopoles ou dipôles plus compactes et à plus longue portée. Plus d'informations [Wikipedia, RFID].

passage d'une antenne (sous forme de raquette, de pistolet ou de bâton) permet de récolter tous les identifiants uniques ou tous les codes-barres des produits sans les scanner un par un. Le comptage automatisé des références permet à une application de faire l'inventaire à la place de l'opérateur qui n'a plus qu'à déplacer l'antenne autour des contenants. Puis, à l'aide d'un logiciel dédié ou embarqué, il peut vérifier la conformité de la liste enregistrée avec un bon de livraison par exemple. Cela représente un gain de temps conséquent ! Mais à quel prix me direz-vous ?

Si nous allons plus loin dans ce livre pour tenter de détailler le coût en énergie, en matériaux et pour l'environnement de ces étiquettes (RFID) intelligentes, leur prix unitaire est assez facile à connaître. Une simple visite sur les sites internet comme *Banggood* ou *Ebay* donne un bon ordre de grandeur. Une étiquette pour un produit textile, plastique, bois ou tout autre matériau non métallique (non réflecteur d'ondes électromagnétiques) n'est pas très onéreuse. Suivant le volume de produits, elle coûte à l'unité entre 5 et 10 centimes d'euros. C'est à la fois peu et beaucoup. En effet les étiquettes RFID n'étant pas classées comme déchets électroniques, il n'y a pas de taxe additionnelle relative à ce type de déchet. En comparaison d'un coût environnemental (énergie, matériaux, pollution) potentiellement important, le prix unitaire de l'étiquette peut nous apparaître comme faible. Cependant c'est une approche économique qui en fixe le prix. Et dans notre cas, une étiquette RFID est encore trop onéreuse pour un paquet de pâtes ou une brique de jus de fruits vendus 1 ou 2 euros. Par contre, il est aujourd'hui possible d'en trouver sur une « bonne bouteille » de vin[13] ou dans une paire de

---

[13] "Avec WID, la bouteille de vin devient connectée", LSA, Clotilde Chenevoy, le 29/07/2015,

chaussures[14]. Le choix de l'intégration d'étiquettes RFID porte donc sur le coût unitaire de l'étiquette mis en rapport du coût et de la marge dégagée sur chaque produit. De ce fait, il est probable que le prix de l'étiquette RFID ne dépasse pas 1% du prix de vente d'un article en magasin.

Pour une entreprise qui gère toute la chaîne de logistique (gestion des stocks et transports) ainsi que la vente en magasin ou en boutique, il est économiquement pertinent d'intégrer la technologie RFID dans ses produits ; ceci afin d'optimiser la gestion des stocks, d'améliorer la traçabilité des produits, de simplifier le travail d'inventaire, ou encore d'améliorer ou de fluidifier la phase du "passage en caisse" pour les clients. Les codes-barres des articles n'ayant plus besoin d'être lus optiquement un par un, ils peuvent être facturés d'un coup au client voire même en temps masqué au moyen d'une application ou d'un paiement sans contact. De plus, la technologie RFID constitue une technologie d'antivol et éventuellement d'anti-contrefaçon remarquable. En effet, les produits pouvant être identifiés de manière unique, leurs types, mais aussi leurs numéros de série de produit, peuvent être consultés à tout instant et authentifiés par un algorithme plus ou moins complexe selon les cas (de la simple somme de contrôle dédiée, aux algorithmes cryptographiques plus complexes utilisant des certificats numériques ou des clés publiques et privées). Ainsi, en se référant à un système d'information simple et local comme une caisse enregistreuse

---

https://www.lsa-conso.fr/avec-wid-la-bouteille-de-vin-devient-connectee,216327

[14] "La RFID révolutionne les magasins Décathlon", LSA, Clotilde Chenevoy, le 13/01/2016, https://www.lsa-conso.fr/la-rfid-revolutionne-les-magasins-decathlon,228999

ou un système connecté aux serveurs de l'entreprise, il est possible d'établir si le produit provient bien de telle usine, a été produit tel jour, a bien été facturé et payé (et éventuellement à qui) et s'il n'a pas été volé ou contrefait. Tout cela grâce à une lecture dite à l'aveugle à plus de 10 mètres de distance faite en quelques millisecondes.

Si pour le grand public, les étiquettes RFID dans les vêtements constituent sûrement une des facettes les plus visibles de la technologie à usage unique, d'autres secteurs industriels ne sont pas en reste. Le luxe s'est emparé de la RFID notamment pour les possibilités d'y intégrer des algorithmes anti-contrefaçon[15]. C'est notamment le cas pour des articles de maroquinerie haut de gamme par exemple. Les domaines de la cosmétique, de la production de liqueur et spiritueux ou encore de l'industrie pharmaceutique commencent à s'intéresser à intégrer des "tags RFID" dans leur produits. Pour ces secteurs, les avantages et le mode d'intégration sont semblables à ceux décrits précédemment : optimisation des coûts et amélioration du suivi et des opérations logistiques. Le plus souvent pour ces produits, les tags sont très discrets voire invisibles. Des tags, comme des étiquettes adhésives, en textile ou en carton, peuvent aujourd'hui être miniaturisés sur la surface et l'épaisseur d'un timbre postal pour des produits non métalliques. Pour des produits métalliques ou en plastique métallisé (boîtes, bonbonnes, briques ou autres), des étiquettes spécifiques plus onéreuses existent. Celles-ci disposent d'antennes enroulées. Elles peuvent occuper une surface légèrement supérieure mais l'épaisseur est bien

---

[15] "RFID et Mode : top 4 des raisons pour les marques de mode d'utiliser cette technologie", Journal du Luxe, 10 juillet 2017 par Lisa https://journalduluxe.fr/rfid-mode-marques-contrefacon/

supérieure, environ un millimètre. Cela les rend plus facilement repérables et moins esthétiques lorsqu'elles sont collées sur des produits en métal. En aucun cas l'étiquette ne peut se trouver à l'intérieur d'une boîte métallique suffisamment épaisse ou d'une quelconque cage de Faraday, car il serait alors impossible de contacter l'antenne.

Des puces RFID ont été également intégrées dans tout un panel de consommables à durée de vie plus ou moins grande. On trouve par exemple aujourd'hui des vis, des boulons ou même des clous RFID métalliques[16]. Une application possible est de pouvoir tracer des éléments d'un bâtiment au fil du temps. Ainsi une poutre de charpente métallique pourrait contenir une vis ou un clou RFID contenant les paramètres de la structure, s'ajoutant ainsi à un marquage visuel concis et pas toujours accessible. Ces informations sont alors consultables à distance et transposables avec le modèle digital du bâtiment intelligent (BIM[17]). Toujours dans le domaine du BTP[18], des antennes métalliques RFID à longue durée de vie sont insérées dans le béton, avec la date et les paramètres de celui-ci. Ces informations sont particulièrement utiles pour les constructions enterrées comme des tunnels lors d'opérations de maintenance et de colmatage.
L'industrie aéronautique a intégré très tôt cette technologie. Dès 2011, Airbus avait adopté la technologie RFID-UHF. Ainsi l'A350 XWB a été le premier avion de ligne à embarquer un

---

[16] UHF 915 MHz Bolt & Screw RFID Tags, RFID.inc, https://www.rfidinc.com/uhf-915-mhz-bolt-screw-rfid-tags
[17] BIM : building intelligent model, il s'agit d'une maquette digitale du bâtiment contenant également toutes les documentations techniques et normatives des bâtiments récents.
[18] BTP : bâtiment et travaux publics

très grand nombre de puces RFID en vol[19]. C'est-à-dire que chaque module RFID est capable de supporter les variations de pression et de température d'un vol et de maintenir l'information d'identification durant longtemps. Toutes les pièces de l'avion sont donc radio-étiquetées ce qui permet, sans tout démonter, de savoir précisément quelle pièce a été montée et à quelle date. Cette plus-value s'est avérée essentielle pour l'avionneur dans le choix d'adopter cette technologie tout au long des processus de production et de sa chaîne logistique. Les sous-traitants ont donc dû suivre et intégrer eux-mêmes l'étiquetage RFID avec le degré d'innovation et de fiabilité requis pour le marché de l'aéronautique.

Les puces RFID entrent dans nos vies sans même que nous nous en rendions compte. Coca-cola intègre désormais des puces RFID dans ses gobelets en papier pour permettre entre autres de resservir automatiquement le client à la fontaine tout en limitant sa consommation. Cette technologie existe d'ailleurs déjà aux États-Unis dans plusieurs chaînes de fast-food. Voici une illustration[20] listant de manière non exhaustive des applications et des secteurs ayant déjà intégré la technologie RFID:

---

[19] "Airbus construit le premier avion 100% RFID", BFM Buisiness, 05/05/2011 https://bfmbusiness.bfmtv.com/01-business-forum/airbus-construit-le-premier-avion-100pour-cent-rfid-531054.html

[20] Liste reprise et modifiée du rapport "Recyclabilité et puces RFID, les livres blancs du CITC" , n°003, http://www.cd2e.com/sites/default/files/veille/etude-recyclabilite-puce-rfid-2015-CITC-CD2E-Fumery-Jebali-Defer-Mochez-red.pdf

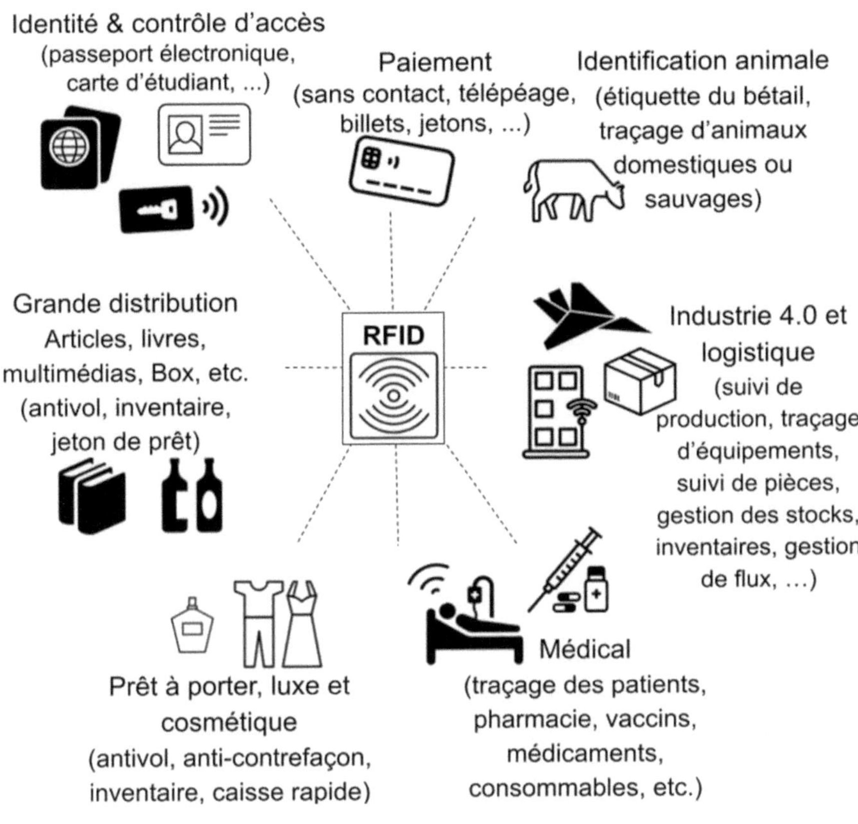

Secteurs d'activités et applications ayant intégrés la technologie RFID

Il existe encore de nombreux secteurs ou applications non investis par cette technologie RFID. Pourtant la pénétration de la technologie RFID est actuellement très rapide. Elle offre aux entreprises de nouvelles perspectives à la croisée de l'automatisation, de la digitalisation et de l'industrie 4.0[21]. La croissance de la RFID est massive. IDTechEx nous indique que 20 milliards d'étiquettes ont été vendues en 2019, contre 17,5 milliards en 2018 et "seulement" 4 milliards en 2012. La majeure partie de cette croissance en nombre de tags provient des étiquettes passives RFID-UHF. Cependant, ce sont les étiquettes HF, plus sécurisées et intégrées pour des applications de masse à plus longue durée de vie, qui représentent la part la plus importante en valeur. Les étiquettes UHF ne représentent en valeur que 25% des ventes d'étiquettes HF ou NFC[22]. Les étiquettes UHF sont en quelque sorte *lowcost*, car elles sont utilisées pour marquer des objets et sont généralement jetables.

Devant ces chiffres, on peut donc dire qu'avec la RFID, l'étiquetage numérique du Monde Réel a véritablement commencé...

Cette technologie RFID est donc en train de se déployer partout pour des applications très diverses induisant une dissémination de puces électroniques à grande échelle, à très court terme (étiquettes jetables) ou à moyen terme (10 ou 20 ans pour les puces ayant les meilleures durées de vie) selon le type d'usage. La technologie RFID est donc en train de devenir incontournable pour l'industrie et le commerce partout sur la planète, mais à quel prix ?

---

[21] Industrie 4.0, aussi appelée "industrie du futur" ou digitalisée, https://fr.wikipedia.org/wiki/Industrie_4.0
[22] IDTechEx, RFID Forecasts, Players and Opportunities 2019-2029, https://www.idtechex.com/fr/research-report/rfid-forecasts-players-and-opportunities-2019-2029/700

Histoire d'Isaline

Par une nuit d'orage, le troupeau d'Augustin paissait paisiblement dans un champ. Certaines vaches s'étaient mises à l'abri sous des arbres. Soudain un éclair vint s'abattre sur un pylône métallique sur lequel une petite éolienne de relevage permettait de pomper un peu d'eau, juste suffisamment pour remplir les abreuvoirs des bovins. Par chance aucune vache ne s'écroula suite à l'impact de foudre. C'était pourtant le risque avec les quadripodes. Un courant de terre pouvait traverser l'animal par les pattes avant de passer par le cœur puis de sortir dans le sol par les pattes arrière ou vice-versa. Cette nuit-là, sans que personne ne s'en aperçoive, plusieurs "traces digitales" de bovins ont disparu dans les limbes du chaos digital.

Le lendemain matin à la traite treize vaches manquaient à l'appel sur le logiciel de supervision du robot de traite. Sont-elles passées devant le lecteur et n'ont pas été vues ou lues par celui-ci ? Augustin n'en savait rien. Au niveau des quantités, la production du robot de traite était parfaitement habituelle et conforme. C'était comme si quelques vaches avaient "bipés" pour deux. Du coup Augustin ne s'en était pas inquiété. Ce n'est que le lendemain, lorsqu'il se passa exactement la même chose, qu'il tiqua. Une fois la traite terminée, il retourna dans le champ et les compta une par une. Rien de tel que la bonne vieille méthode humaine pour compter ses bovins, pensa-t-il. On peut mettre toute la technologie du monde, il finit toujours par y avoir une panne. Cent cinquante-trois, dans la pâture, contre cent quarante identifiées par portique du robot de traite.

Cette découverte agaçante devait passer sur le haut de la pile des priorités de la journée. Pourtant, Augustin n'avait vraiment pas que ça à faire. C'était simplement pour respecter les normes que chaque vache était radio-étiquetée et identifiée avec un numéro unique. Les services sanitaires ne voulaient même plus connaître le nom des vaches laitières. L'identifiant suffisait. Ces vaches, c'étaient des unités de production numérotées, comme il disait. Le logiciel de supervision du robot de traite pouvait donc suivre les "indicateurs de performance" pour chaque vache. C'était pratique, quand tout fonctionnait, le respect des normes et "la qualité" étaient assurés par un robot "et tout le monde était content". Les données qu'il produisait permettant de générer automatiquement le rapport de production journalier avec les "indicateurs" des bovins. De fait, sans en avoir conscience, les vaches participaient à une sorte de compétition productiviste, le tout avec une garantie de qualité sanitaire efficace. Ce système de suivi de production digitalisé était à la fois rapide et rassurant. Mais aujourd'hui, un grain de sable, ou plutôt une absence de grain de silicium fonctionnel, enrayait la machine et corrompait les sacro-saintes données générées.

À la traite du soir, Augustin nota donc à la main les numéros d'identification tatoués sur les vaches qu'il n'avait pas entendu biper. Puis il s'assura ensuite que les radioétiquettes ne répondaient plus en les faisant repasser manuellement devant le lecteur RFID.

Augustin prit son téléphone et appela un ami geek qui l'avait déjà dépanné à plusieurs reprises pour des problèmes d'électricité ou d'électronique.

- Salut Éric, comment vas-tu ?
- Ça va, ça va. Et toi ?
- Ça va bien. Je t'appelle, j'ai un souci avec mon lecteur sans fil d'identifiant de mes vaches. En fait, il fonctionne pour presque toutes mes vaches sauf pour treize d'entre elles.

- *Bizarre. Ça doit être les badges RFID qui dysfonctionnent.*
- *Les quoi ?*
- *Les boucles d'oreilles sans fil en plastique de tes vaches.*
- *Et pourquoi ces treize-là ?*
- *Ça je n'en sais rien.*
- *Tu penses que ça se reprogramme ?*
- *Il dit quoi le lecteur quand la vache passe devant ?*
- *Rien.*
- *Pas même un message d'erreur ou un warning sur le logiciel ?*
- *Non rien.*
- *Bon et bien, ces tags sont morts…*
- *Et je fais comment moi ? On ne peut pas changer une vache d'identifiant comme cela !*
- *Ce n'est pas toi qui programme les numéros ?*
- *Ah ben non, je reçois des boucles d'oreilles avec un numéro dessus. C'est censé suivre l'animal toute sa vie. La traçabilité des aliments ça te parle ?*
- *Oui, pigé… Hum, ça complique les choses. Tu ne peux pas commander une boucle d'oreille RFID avec un identifiant donné ?*
- *Je vais me renseigner. Ce n'est vraiment pas simple cette histoire ! Il y en a vraiment marre de ces techniques digitales de soi-disant traçage numérique ou je ne sais pas quoi…*
- *Désolé mon vieux, on est au 21ème siècle et tu as investi dans un robot de traite dernier cri. Maintenant tu es dépendant du package technologique digital qui va avec…*
- *Je n'avais pas le choix figure toi. C'était ça ou réduire le troupeau pour tenir les nouveaux cahiers des charges…*

-	*Bon courage en tout cas.*

-	*Merci. Je te tiens au courant.*

Augustin raccrocha. Il était encore plus énervé. Le métier d'éleveur réservait de plus en plus d'incompréhension et de frustration, notamment à cause des normes et des nouvelles technologies de l'information.

Quelques minutes plus tard, son ami rappela.

-	*Augustin, c'est encore moi.*

-	*Oui ?*

-	*J'ai regardé sur internet, et j'ai trouvé des boucles vierges à programmer soi-même sur un site chinois. Tu veux que je t'en commande ?*

-	*Pourquoi pas. Mais tu sauras les programmer, avec le bon numéro et tout et tout pour que ça fonctionne avec le robot de traite ?*

-	*Peut-être. Ça vaut le coup d'essayer non ?*

-	*Ça dépend, si c'est un de tes plans foireux...*

-	*C'est vrai qu'il faudra que je me renseigne sur le format des données à rentrer dans l'étiquette, le type de checksum s'il y en a une et tutti quanti.*

-	*Là je ne comprends rien. Tu sauras faire ou pas ? Elles peuvent arriver quand tes boucles ?*

-	*Attends, je regarde… Dans un mois, le temps que ça arrive de Chine.*

-	*C'est trop long, si j'ai un contrôle vétérinaire, ça ne va pas le faire.*

-	*Et tu vas faire comment ?*

-	*Je vais les faire abattre. Tant pis.*

-	*Tu ne vas pas faire ça ! Tu déconnes. C'est des bonnes laitières les treize vaches sans étiquette ?*

-	*Oui, il y a même Isaline dedans.*

-	*Tu ne peux pas faire ça du coup ?!*

-	*On verra, j'ai assez de soucis actuellement pour ne pas m'embêter avec ça...*

IV - Production d'un tag RFID

Une radioétiquette est en fait composée de trois éléments : une antenne, une puce RFID et un substrat. Le substrat est le support de l'étiquette sur lequel sont intégrés tous les composants. La puce RFID constitue en quelque sorte le cerveau du tag. C'est elle qui filtre la fréquence et les canaux radios sur lesquels sont communiquées les informations entre le lecteur et l'étiquette. C'est elle également qui consulte ou écrit dans sa mémoire les informations d'identification ou d'autres types d'information (clés de sécurité, quantité disponible, etc.). Les trames digitales, formatées suivant un protocole, transitent par les ondes, entre le lecteur et l'étiquette. Elles sont codées numériquement en un signal binaire puis transmises au moyen de modulations (d'amplitudes, de phases ou de fréquences). Le signal reçu ou émis transite donc via l'antenne et est lu ou écrit électriquement par la puce. En pratique, l'antenne est simplement un élément métallique de forme spécifique, qui est connectée à la puce.
En résumé, la radioétiquette est pour l'essentiel une mémoire que l'on peut lire ou écrire à distance. On pourrait faire le parallèle avec une clé USB qui serait reliée par ondes (par Bluetooth par exemple) à un ordinateur ou un smartphone. La puce, le "cerveau" de l'étiquette communicante, a donc une architecture interne relativement complexe. Intéressons-nous désormais à sa fabrication.

Pour découvrir de quoi est faite une radioétiquette, nous en avons décapsulée une et nous avons pris en photo différents éléments du tag avec un smartphone ou au microscope (cf. QR code ci-après). Cette étape d'ouverture du produit est bien souvent la première étape d'une analyse de cycle de vie[23] du produit. Elle nous permet d'avoir une première approche de ce qu'il y a dedans et de sa complexité. L'analyse de cycle de vie est finalisée au chapitre VIII, mais la fabrication de la puce et l'assemblage du tag sont présentés ci-après.

---

[23] L'analyse du cycle de vie (ACV, ou LCA : Life-cycle assessment en anglais) est une méthodologie pour tenter de mesurer les impacts environnementaux associés à chaque étape du cycle de vie d'un produit, d'un processus ou d'un service commercial. Dans le cas d'un produit manufacturé, les impacts environnementaux sont évalués depuis l'extraction et le traitement des matières premières, en passant par la fabrication, la distribution et l'utilisation du produit, jusqu'au recyclage ou l'élimination finale des matériaux qui le composent. Une analyse de cycle de vie d'une radioétiquette RFID est proposée au chapitre VIII. Plus d'information sur l'ACV : https://fr.wikipedia.org/wiki/Analyse_du_cycle_de_vie

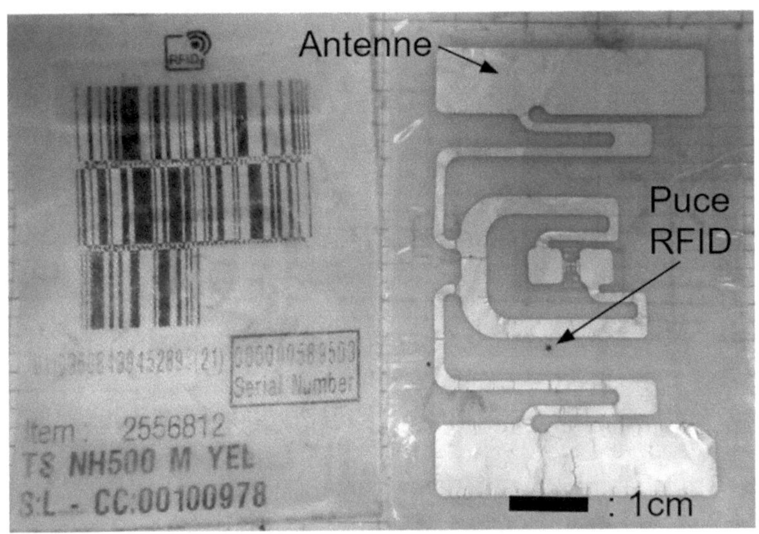

Exemple d'une étiquette RFID textile jetable décapsulée

Lien vers la décapsulation d'une radioétiquette jetable et observation au microscope (QR Code, URL)

IV - a) Produire une puce RFID

Les grandes étapes du procédé de fabrication d'une puce RFID sont semblables à celles permettant de produire un processeur d'ordinateur, celui d'un smartphone ou encore un microcontrôleur comme celui de l'ATMega328 d'Atmel que l'on retrouve sur la carte de prototypage très populaire Arduino Uno[24]. Seule la résolution de la fabrication, c'est-à-dire la densité de transistors par unité de surface, peut changer suivant les générations de composants. Les calculateurs et les puces de tous les dispositifs du numérique (PC, smartphones, objets connectés, serveurs, routeurs, modems, disques durs, radio-étiquettes, etc.) sont donc fabriqués avec le même type de procédés. À travers la fabrication de cette puce RFID, on peut donc par analogie, toucher du doigt la complexité de la fabrication des composants des technologies numériques. Pour bien appréhender ce chapitre, vous pouvez éventuellement visionner deux contenus multimédias pédagogiques : (1) L'émission "C'est pas sorcier, Le Nanomonde secoue les puces"[25] ainsi (2) qu'une visite des dernières salles blanche de France pour la fabrication électronique, celles de STMicroelectronics à Crolles près de Grenoble[26]. C'est donc une plongée synthétique mais essentielle dans le cœur des micro et nanotechnologies, que je vous propose. Ceci afin d'en extraire entre-autre les impacts

---

[24] Arduino Uno, https://fr.wikipedia.org/wiki/Arduino
[25] C'est pas sorcier, "Le Nanomonde secoue les puces", France3, Youtube : https://youtu.be/oq6Ol550K3w
[26] Visite de la salle blanche de l'entreprise ST Microelectronics à Crolles, Youtube : https://youtu.be/K_VlgU1hPok

énergétiques et environnementaux. Aujourd'hui, connaître et mesurer ces impacts est d'autant plus important que nous sommes ultra-consommateurs de technologie digitale (délocalisée la plupart du temps) et des matériaux critiques qui vont avec.

Différents matériaux conducteurs, semi-conducteurs ou isolants sont nécessaires pour la fabrication des puces et génèrent des déchets. Pourtant en raison de la petite quantité de matériaux pour la production d'une seule puce, l'impact environnemental est trop souvent considéré comme faible à l'échelle unitaire. En effet, une puce RFID-UHF a aujourd'hui de très petites dimensions. La puce occupe la surface d'un carré d'environ 500 micromètres (µm) de côté, une épaisseur d'au moins 100 µm et une masse pouvant atteindre seulement 150 microgrammes (µg). On pourrait presque parler d'*un grain de sable intelligent* ! Pourtant, rapportée à sa masse, il a fallu dépenser une énergie considérable et des matériaux peu communs pour produire *ce grain de sable connecté*. C'est ce que nous allons voir.

Au départ, comme pour toutes les puces électroniques, du silicium est nécessaire pour fabriquer la puce RFID. La production industrielle de silicium est aujourd'hui relativement optimisée en termes de gestion des déchets. Des sous-produits comme la silice sont revalorisés. La production de silicium utilise notamment des fours à arc électrique qui minimisent les quantités de particules rejetées dans l'air[27]. Pour autant, le silicium n'est que le substrat de la puce et déjà, son impact environnemental et énergétique n'est pas anodin. Ce semi-conducteur essentiel à la production des puces

---

[27] "Silicon." How Products Are Made,
www.madehow.com/Volume-6/Silicon.html

électroniques est certes un élément parmi les plus courants sur la planète, mais il faut cependant l'extraire et le purifier à l'extrême. Et les réserves pourraient s'épuiser un jour si la demande sur cette ressource continue d'augmenter[28]. Le budget énergétique du substrat de silicium (on parle de plaque ou de wafer) est très bien connu et documenté. L'énergie utilisée pour produire la plaquette ou wafer de silicium représente très approximativement entre 30 et 40 % de l'énergie totale à la fabrication d'une puce fonctionnelle. Cela dépend de la complexité et de la longueur du procédé de fabrication. Certains procédés peuvent s'étaler sur plus de six mois. Une fois que le silicium est pur, il est coupé en tranches d'épaisseur comprise entre 100 et 600 micromètres (μm : un millième de millimètre) pour les plus fines. Une fois sciées, les plaques passent par différentes étapes de polissage afin d'obtenir une rugosité résiduelle de l'ordre du nanomètre (nm : un millionième de millimètre). Au total, la production d'un kilogramme de wafer de silicium consomme environ 2000 kWh pour toute la chaîne de production, de grande quantité d'eau et nécessite au départ environ 20 kg de silice (SiO_2 ou dioxyde de silicium)[29, 30].

---

[28] Steadman, Ian. "China Warns That Its Rare Earth Minerals Are Running Out." WIRED UK, 4 Oct. 2017, www.wired.co.uk/article/china-rare-earth-minerals-warning

[29] Plepys, Andrius. "The environmental impacts of electronics. Going beyond the walls of semiconductor fabs." *IEEE International Symposium on Electronics and the Environment, 2004. Conference Record. 2004.* IEEE, 2004.

[30] Williams, Eric D., Robert U. Ayres, and Miriam Heller. "The 1.7 kilogram microchip: Energy and material use in the production of semiconductor devices." *Environmental science & technology* 36.24 (2002): 5504-5510.

Une fois la production des wafers effectuée, ceux-ci vont être achetés par différents fabricants de puces électroniques. Au préalable, la conception de la puce a été réalisée et celle-ci a été modélisée couche par couche à l'aide d'un logiciel de conception spécifique. Les motifs des couches ont été transférés sur des masques en quartz à la résolution requise. Sur l'intégralité de la surface du wafer seront répliquées un maximum de puces. Ensuite à l'échelle du wafer on extrait numériquement toutes les couches qui composent le composant. À chaque couche correspond une ou plusieurs étapes de fabrication (un schéma simplifié illustre le procédé général de fabrication d'une puce RFID, ci-après). Par exemple, les pistes conductrices d'un bus de communication de la puce peuvent constituer une ou plusieurs épaisseurs. Ces pistes peuvent relier par exemple le calculateur ou le processeur aux blocs mémoires et périphériques, tel le modem de télécommunication. Prenons une de ces couches métalliques comme exemple pour décrire quelques étapes clés de la nanofabrication sur silicium.

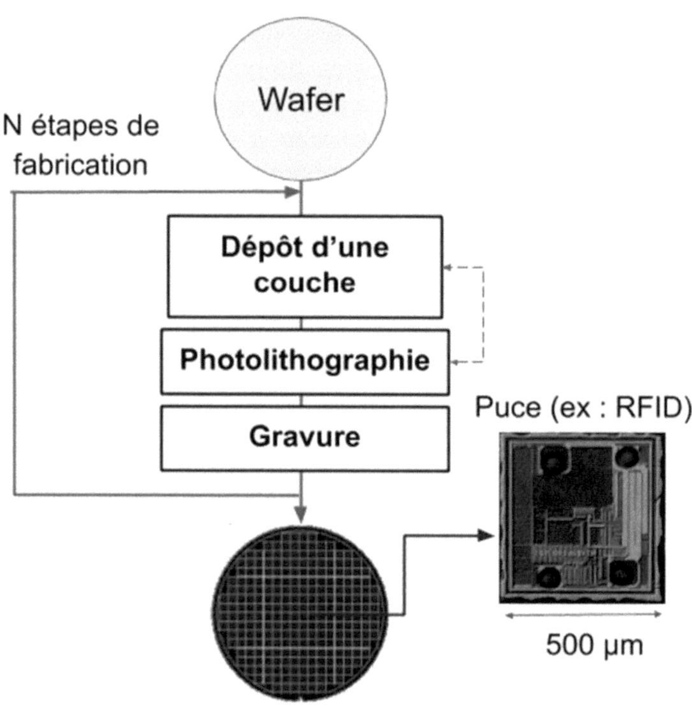

Schéma simplifié du procédé de fabrication d'une puce silicium (ex : RFID)

Classiquement pour une couche de pistes conductrices, une fine couche de métallisation peut être déposée par évaporation sous vide. Une couche de chrome/aluminium ou titane/or, suivant les performances requises, pourra être déposée sur tout le wafer pour cette étape type (de pistes conductrices). Une épaisseur de 150 nanomètres est suffisante. Ensuite vient un processus clé : la photolithographie. C'est cette étape qui va permettre de structurer la matière dans presque tous les procédés de micro/nanofabrication.

L'empreinte des pistes de la couche a déjà été transférée à haute résolution sur une plaque de quartz. Suivant le procédé utilisé, on définit le motif négatif ou bien positif de pistes sur cette plaque. Ceci dépendra de la résine photosensible utilisée. Le wafer ayant déjà subi un certain nombre d'étapes va être enduit de résine. Une fois recuite, celui-ci va être insolé aux UV à travers le masque de quartz. Une réduction optique du motif est souvent réalisée afin d'atteindre des dimensions toujours plus petites. Après cette étape, la résine a soit été durcie (polymérisée) par les UV ou bien elle a subi une dépolymérisation suivant que la résine est positive ou négative. Dans tous les cas, le révélateur dans lequel le wafer est plongé va dissoudre la résine non polymérisée, laissant apparaître les motifs exposés aux UV dans le premier cas et ceux non exposés dans le deuxième. Une épaisseur de résine durcie permet donc de définir nos pistes à l'issue de la photolithographie. Celle-ci n'est donc, en résumé, qu'une technique de pochoir à l'échelle nanométrique qui va nous permettre de structurer nos puces couches après couches.

Ensuite, une gravure chimique ou bien un faisceau d'ions hautement réactifs va retirer le métal non couvert par la résine (le "pochoir"). Après un nettoyage de la résine restante à l'aide de solvants, les pistes métalliques seront déposées sur le wafer. L'étape pour cette couche (des pistes du bus de communication) est alors terminée. Le wafer continue le processus et va alors à l'étape suivante. Pour chacune des photolithographies, de nombreux solvants et liquides sont utilisés : de l'eau, de l'isopropanol, de l'acétone, des résines photosensibles et leurs révélateurs associés. On peut par exemple trouver du TMAH (tetramethylammonium hydroxide) dans la plupart des révélateurs utilisés en photolithographie. Cet acide volatile est très dangereux pour la santé. D'autres acides ou bases plus ou moins concentrés vont également être utilisés pour les gravures. Dans certaines analyses de cycle de vie, ces produits chimiques ne sont pas toujours pris en compte.

Un processus de fabrication de processeur peut comporter jusqu'à 300 étapes de ce type afin de définir chaque couche du composant intégré. Le procédé est donc long et complexe. Il peut durer plusieurs mois. Il met en œuvre des technologies physiques et chimiques de pointe pour définir des transistors sur des dimensions toujours plus petites. Aujourd'hui la largeur de grille, c'est à dire la largeur de la piste de commande du transistor, mesure seulement sept nanomètres pour les plus petites[31]. Les puces modernes en intègrent des millions voire des milliards pour les processeurs des objets connectés et des ordinateurs.

En résumé, une puce peut être vue comme un empilement de couches isolantes, conductrices et semi-conductrices. Ces couches sont localisées à certains endroits sur la surface. Ainsi une piste conductrice pourra connecter différents transistors ensemble afin d'obtenir un bloc fonction. Ensuite, un ensemble d'un ou plusieurs transistors associés à des composants passifs (le plus souvent à une capacité) peut correspondre à une cellule mémoire. Des régions sur la puce sont donc affectées au stockage d'information, d'autres au traitement de signaux ou d'information, d'autres encore à l'interface avec des entrées/sorties, etc. Si les transistors sont généralement tous positionnés sur la même couche[32] du wafer de silicium, les interconnexions métalliques doivent souvent être positionnées

---

[31] Nœud technologique de 7 nm en production chez TSMC. TSMC 7nm HD and HP Cells, 2nd Gen 7nm, And The Snapdragon 855 DTCO

[32] Les transistors Fin-FET de 7 nm de largeur de grille ont une structure 3D et non plus uniquement 2D

sur et entre plusieurs niveaux. En effet, lorsque la puce dispose d'une mémoire de 10 ko (kilo-octets, soit 80 kilo-bits), avec une technologie de stockage qui nécessite un transistor par bit d'information stockée, il faut 80 000 transistors pour assurer le stockage des 10 ko de données. Les interconnexions peuvent donc être complexes à mettre en œuvre suivant la densité d'information stockée par unité de surface sur la puce (imaginons par exemple le nombre d'interconnexions pour une mémoire flash de trente-deux giga-octets). Toutes ces considérations d'intégration vont donc avoir un impact sur le nombre d'étapes de fabrication, et donc *in fine*, sur la facture énergétique et environnementale. En effet, l'industrie nanoélectronique utilise des gaz à effet de serre (GES) contribuant au réchauffement climatique, mais plus encore des perfluorocarbures (PFC tels que le tétrafluorométhane CF_4 ou l'hexafluoroéthane C_2F_6) utilisés pour la gravure sèche (appelée également gravure ionique réactive[33]) notamment, et des composés organiques volatils (COV) issus de la gravure de résine par exemple. Ils participent à la formation d'ozone nocif pour la santé, ainsi que certains autres gaz pouvant contribuer à la diminution de la couche d'ozone. En pratique, des systèmes de filtration permettent de réduire en partie les émissions polluantes relâchées dans l'atmosphère.

Au total, on estime que la fabrication d'une puce fonctionnelle d'un seul gramme nécessite environ un gramme de silicium, 290 grammes de dizaines de produits chimiques différents (résines, acides, bases, solvants, etc.), 2,8 kilogrammes de gaz tels que l'azote, l'oxygène, l'hydrogène, l'hélium et l'argon,

---

[33] Gravure ionique réactive (DRIE : deep reactive ion etching) est un type de gravure où un plasma réagit avec la surface d'un wafer. Plus d'info en continuant à lire ou sur : https://fr.wikipedia.org/wiki/Gravure_ionique_r%C3%A9active

130 litres d'eau déionisée et au total près de 12 kWh d'énergie électrique pour faire fonctionner les machines et la filtration de l'air qui circule dans la salle blanche. Ces quantités de matières et d'énergie sont phénoménales au regards de la quantité de puce produite : 1 g seulement ! La plus grande partie de cette facture énergétique est consommée par les équipements des salles blanches. En effet toutes ces étapes de fabrication sont faites dans un environnement ultra-propre où même l'humain ne rentre pas, la moindre particule dans l'air pouvant compromettre le bon fonctionnement de composants entiers. Les salles blanches de production sont donc généralement robotisées. Malgré cela, le temps de production d'un wafer de puces digitales, comme des microcontrôleurs, est relativement long. Un wafer peut passer six mois en salle blanche pour passer par chacune des étapes du processus de nanofabrication. Pour éviter les contaminations et les poussières, les humains entrent peu dans les salles blanches de production. Ils entrent fréquemment dans celles de R&D, où ils peuvent manipuler les wafers et où l'on ne développe que des prototypes.

Dans ces environnements très particuliers, les équipements de pointe, très onéreux, qui permettent la fabrication de ces bijoux technologiques ont également un coût environnemental et énergétique. Ces coûts et les cycles de vie associés sont rarement mentionnés. Ils sont donc peu pris en compte en pratique.

On estime à plus d'un milliard d'euros, l'investissement nécessaire à l'implantation d'une nouvelle salle blanche de production de puce silicium[34]. Aujourd'hui la très grande

---

[34] Exemple de coût communiqué : « Bosch inaugure son usine 4.0 de puces à 1 milliard d'euros en Allemagne », Coline Buanic, publié le 08/06/2021, Industrie et Technologie,

majorité des salles blanches de production de puces électroniques se trouve en Asie.

https://www.industrie-techno.com/article/bosch-inaugure-son-usine-4-0-de-puces-a-1-milliard-d-euros-en-allemagne.65529

IV - b) Produire une radioétiquette

En plus de la puce, un tag RFID passif (soit une radioétiquette), contient une antenne, un support et un encapsulant. Il existe plusieurs possibilités technologiques pour l'antenne. La plus commune et la moins onéreuse utilise un film d'aluminium mis en forme (d'antenne). Une couche d'encre d'argent sérigraphiée sur le support constitue une autre option possible. Néanmoins, cette option est généralement plus onéreuse.
Ensuite, une fois l'antenne fixée sur le support, la puce doit elle aussi être transférée sur le support et connectée à l'antenne. Une colle conductrice (anisotrope) peut être utilisée pour cela. Cela peut aussi se faire au moyen de petites bosses d'or[35] ou d'un autre matériau conducteur placées sur les zones de contact de la puce et pressées contre l'antenne. Pour placer une si petite puce au bon endroit sur le tag, un équipement robotisé dédié est généralement utilisé (on l'appelle le *chip bonder*). Une fois la puce placée et connectée, le tag est normalement fonctionnel. Il reste alors à encapsuler le tout afin de protéger la puce et les contacts métalliques. Ceci est généralement fait en sérigraphiant une couche de résine opaque par-dessus puis en plastifiant l'antenne et la puce. Il existe également des radioétiquettes sur textile pour les vêtements ou encore en papier. L'entreprise Tageos[36] produit par exemple des radioétiquettes pour des articles de sports ou des gobelets de fast-food en carton. Le fait que l'étiquette soit majoritairement constituée de papier ne change pas la donne dans l'absolu. Cela n'en fait pas, un déchet non électronique puisqu'il contient une puce éléctronique et une antenne

---

[35] GBS process (gold bump soldering), Pristauz, H. (2006). RFID chip assembly for 0.1 cents?. *OnBoard Technol*, 46-49.
[36] Tageos produit des étiquettes RFID tout en papier (sans plastiques) : https://www.tageos.com/

métallique, il ne devrait donc pas être jetable et encore moins associé à une mention 100% recyclable…

Image faite au microscope d'une puce RFID produite par NXP. Sur les zones de contact on voit les bosses d'or (en noir) qui vont permettre l'intégration de la puce sur l'antenne [echelle 75 µm - source : wikimedia.org].

Histoire de Deng

Deng est ingénieure production et maintenance en salle blanche chez un fondeur de composants nanoélectroniques. La salle blanche de production est un univers très particulier. Les composants produits sur wafers de silicium ne tolèrent ni la poussière, ni la saleté et encore moins les bactéries et tous les micro-organismes que chaque être humain emmène avec lui. Ces salles blanches sont donc des endroits très contrôlés, très aseptisés et ultra-robotisés. L'homme y intervient le moins possible. La salle blanche de production de Deng est une salle ISO 2[37]. Il n'y a pas plus de 10 particules de plus de 300 nanomètres par mètre cube d'air.

Ce matin, Deng s'habille pour une intervention au bloc trois, celui des dépôts par évaporation de métaux dans les enceintes sous vide. Une des machines dysfonctionne, il faut qu'elle aille voir. Elle enfile sa combinaison blanche intégrale, met ses chaussures propres et des sur-chaussures jetables. Puis, dans un second sas, elle enfile un masque, une charlotte, des lunettes de protection et deux paires de gants avant de mettre sa capuche. Elle peut alors ouvrir la porte de la salle blanche et ressentir immédiatement le flux d'air de la salle en surpression. Les compteurs de particules ont tout de suite détecté son entrée. Malgré son équipement et toutes ces précautions, Deng est une vraie source de particules volatiles. Mais si tout se passe bien, la maintenance ne perturbera pas trop la production. La maintenance ne devrait pas contaminer les zones de passage des wafers. La production va continuer d'avancer sur les blocs parallèles avec des machines opérationnelles.

---

[37] Salle blanche ISO 2, <u>ref. Wikipedia, Salle blanche</u>

Arrivée dans la zone de maintenance derrière l'évaporateur de métaux, Deng ouvre les hublots pour y voir à l'intérieur. Avec l'habitude, elle repère facilement la panne. C'est le bras robotisé de charge du wafer dans l'enceinte qui n'est pas exactement aligné sur sa position de repos. Par conséquent, les wafers ne sont pas exactement centrés quand ils entrent dans l'enceinte de dépôt sous vide. À terme, si on n'intervient pas, les wafers se décentrent de plus en plus jusqu'à ce qu'un wafer frotte sur un des bords et se brise dans l'enceinte sous vide. Or en fin de procédé, un seul wafer peut valoir plus de 20 000 euros pièce. Il faut donc à tout prix éviter d'en casser. Ces maintenances préventives espacées le plus possible pour ne pas perturber l'espace de production ont pour but d'anticiper les risques de casse.

Alors que Deng était en train de repositionner le bras en mode semi-manuel, une alarme retentit. Elle n'eut pas le temps de remettre à jour la position d'origine du bras que la lumière rouge clignotante et la sirène stridente l'obligèrent à interrompre sa tâche. Elle sortit alors calmement mais sûrement par la porte de sécurité sans passer par le SAS d'entrée. La procédure indique en effet qu'en cas d'alarme rouge, il faut sortir au plus vite sans passer par le SAS. Quitte à faire entrer de l'air pollué dans la salle blanche. Deng se retrouve alors dans un couloir tout à fait classique, ayant des baies vitrées qui permettent de voir une partie de ce qu'il se passe en salle blanche. À la différence de deux collègues qui passaient dans le couloir, Deng est en combinaison. Eux sont habillés normalement. Le responsable de la sécurité de l'infrastructure accourt avec un papier dans les mains. Sur le papier sont imprimés les noms de tous ceux qui sont habilités à entrer en salle blanche. En gras sont indiqués ceux qui avaient badgé leur carte RFID nominative pour y rentrer sans avoir badgé pour en sortir. Seuls deux noms étaient en gras, celui de Deng et celui d'un autre collègue, Zen, technicien et chargé d'approvisionnement pour les gaz et produits chimiques. Le responsable de la sécurité s'adressa à Deng :

- *C'était une alarme de gaz toxique. D'après le tableau de contrôle, il s'agirait d'une fuite d'hexafluorure de soufre[38] en zone de gravure sèche par DRIE[39].*
- *Ok. La concentration n'était pas critique ?*
- *Non. Tu aurais même pu passer par le SAS, ça nous aurait évité de purger l'air maintenant.*
- *Désolé, c'était rouge clignotant, je n'avais pas l'information, j'ai appliqué le protocole...*
- *Ok. C'est bon. As-tu vu Zen ?*
- *Oui je l'ai vu dans la zone grise derrière le bloc photolithographie, il changeait les réservoirs de résines.*
- *À quelle heure ?*
- *Je dirais... Il y a une demi-heure...*
- *Ok, il a sûrement oublié de badger en sortant, quelqu'un lui a peut-être ouvert la porte.*
- *Oui peut-être. Ou bien il est toujours dedans...*
- *Ok je vais vérifier.*

Deng abaissa sa capuche, puis elle enleva son masque, sa charlotte et ses sur-chaussures et les jeta à la poubelle. Le reste de l'équipement était réutilisable mais devrait être désinfecté et dépoussiéré pour pouvoir réintégrer le SAS de la salle blanche. Elle enleva donc sa combinaison et l'emmena au bac de "linge sale" pour que sa tenue soit opérationnelle de

---

[38] L'hexafluorure de soufre, SF_6 est un composé chimique utilisé pour graver notamment le silicium par DRIE, Ref. Wikipedia

[39] DRIE, Deep Reactive Ion Etching, La gravure anisotropique ionique réactive profonde permet de graver le wafer de silicium dans l'épaisseur pour par exemple libérer des membranes suspendues de microphones MEMS (Microelectromechanical systems). Ref. Wikipedia

nouveau. Ensuite elle retourna à son bureau en se disant qu'après tout cela, son opération de maintenance n'était toujours pas faite...

V - Fiabilité, sécurité et durées de vie des radioétiquettes

Les étiquettes RFID ont des usages très variés. De ce fait, les cartes bancaires n'ont pas la même fiabilité qu'une radioétiquette papier. Une carte bancaire offre une certaine rigidité et une encapsulation solide de la puce et de l'antenne. À l'inverse, un simple pliage ou une déchirure manuelle faite au bon endroit sur un tag papier peut le rendre inutilisable. Bien qu'étudiées pour offrir une robustesse maximale, les radioétiquettes jetables s'avèrent donc souvent moins fiables. Le contact entre la puce et l'antenne peut être perdu de différentes façons : par un pliage prononcé du support proche de la zone du contact puce/antenne; par une coupure ou déchirure de l'antenne ; par frottement ou élévation de température faisant subir au contact un cycle thermique rédhibitoire pour la liaison ou le contact électrique puce/antenne.

Généralement, les colles conductrices anisotropes, utilisées pour fixer et connecter la puce, sont polymérisées entre 120°C et 150°C sous une pression mécanique. La pression mécanique d'un tube maintient la puce sur les contacts, pendant que la colle durcie de manière à fixer à la fois la puce mécaniquement sur le substrat et électriquement sur les contacts métalliques. Si ultérieurement la colle se réchauffe au-delà de la température appliquée dans le procédé, sans que la pression soit maintenue sur la puce, le contact électrique pourra être perdu. Cette colle chauffée ou frictionnée peut donc se "ramollir", la puce risquant alors de se désolidariser des zones de contacts électriques.

Autrement dit, un emballage radio-étiqueté de couleur sombre, laissé en plein soleil, pourrait atteindre une température qui endommagerait le Tag RFID de manière irréversible.

L'encapsulation de la radio-étiquette revêt donc une grande importance pour la fiabilité mécanique et électronique du tag. Elle diffère suivant les modèles de tags.

Une autre menace pèse sur la puce RFID elle-même. Elle concerne l'intégrité et la fiabilité des données qui y sont stockées.

En règle générale, la majorité des puces RFID intègrent des mémoires EEPROM[40] (mémoire majoritairement à lecture seule, programmable et électriquement effaçable). Ce type de mémoire semi-conducteur est très largement utilisé aujourd'hui dans tous les dispositifs programmables, comme dans les microcontrôleurs ou dans les mémoires flash des clés USB par exemple. Le principe de stockage de l'information est le suivant : un potentiel électrique est stocké au niveau du canal du transistor. En fonction de la valeur de ce potentiel, le transistor est soit passant ou soit bloquant. Cela code pour un niveau logique un ou zéro. Avec la diminution continue des dimensions des transistors, la zone de stockage du potentiel (la grille flottante du transistor) s'est très fortement réduite. Au point qu'un rayonnement électromagnétique ou radioactif naturel puisse interagir avec cette zone de dimension nanométrique. En prenant l'avion, ou en l'exposant à des rayonnements intenses, le potentiel en question peut changer si la cellule mémoire n'est plus alimentée depuis un certain temps. C'est un problème mineur pour l'information contenue dans nos smartphones toujours sous tension dans nos poches. En effet, nos téléphones ont des batteries qui assurent la stabilité des potentiels de référence pour les différentes polarisations des composants. À l'inverse, c'est

---

[40] EEPROM : de l'anglais Electrically Erasable Programmable Read Only Memory, https://fr.wikipedia.org/wiki/Electrically-erasable_programmable_read-only_memory

potentiellement plus problématique pour, par exemple, des photos de famille stockées sur une clé USB qui voyagerait depuis cinq ans sans n'avoir été, ni connectée, ni alimentée ou réécrite. Celle-ci pourrait probablement donner quelques surprises et contenir quelques données corrompues. Concernant les radioétiquettes, elles pourraient, pour certaines d'entre elles, être laissées dix ans sans qu'aucune lecture ni écriture digitale ne soit faite. En effet, certaines radioétiquettes ont une durée de rétention de l'information de dix ou quinze ans spécifiée dans leur documentation technique. Pour celles-ci, il est généralement recommandé sur la fiche technique de prévoir une lecture de la puce tous les ans. Sinon, la fiabilité de l'information stockée pourrait alors poser problème en fonction de l'environnement électromagnétique et radiatif de l'étiquette RFID.

Ces radioétiquettes à longue durée de vie pourraient être apposées pour référencer une pièce ou un matériau critique dans un ouvrage BTP. Ceci afin de documenter in-situ et sans contact des éléments inatteignables de l'ouvrage une fois terminé. Cette technologie est en cours de déploiement pour certains chantiers qui nécessitent une maintenance périodique du bâtiment une fois achevé (tunnels, ponts, barrages, etc.). Les puces permettront de rendre compte de manière localisée et interactive les éléments techniques passés.

Le référencement par puce RFID connaît donc lui aussi des failles et un vieillissement. Il en va de même pour un marquage visuel par impression d'encre ou de peinture ou encore par gravure laser. L'information peut être altérée, difficilement lisible, voire totalement illisible avec le travail du temps (ou celui d'une dégradation volontaire ou imprévue, comme une mauvaise pliure mécanique ou encore la foudre par exemple). En pratique, les radioétiquettes sont donc le plus souvent en redondance avec une information visuelle (référence, code barre, QR code, etc.)

La durée de vie des radioétiquettes est également variable suivant le type de produits et d'usage. Elle est généralement de 2 ou 3 ans pour une carte bancaire par exemple. Après cette période, la banque récupère et détruit la carte par mesure de sécurité. Cette durée est en fait la durée de vie "programmée" pour une radioétiquette standard. Comme nous l'avons vu, la « *supply-chain* » est de plus en plus friande de radio-étiquetage. Elle a donc besoin de durées de vie des tags assez longues pour les produits qui resteront longtemps en stock, alors que la plupart des autres, vendus rapidement, conduiront à une durée de vie très faible des radioétiquettes associées. La durée de vie maximum est de dix voire de quinze ans d'après les documentations techniques. Pourtant, malgré une fiabilité certaine, beaucoup d'étiquettes RFID ont des durées de vie réelles bien plus courtes. Parfois, elles peuvent se compter en jours ou en semaines sur des fromages radio-étiquetés. Pour des produits manufacturés, le temps est un peu plus long. Le minimum étant de quelques mois, de l'usine de fabrication (du tee-shirt par exemple) à la poubelle du consommateur qui a acheté son produit (et découpe la radioétiquette pour la jeter). Cependant, un produit invendu qui reste en stock pourra lui, garder sa radioétiquette jusqu'à maximum deux ans d'après les pratiques courantes, le stockage étant onéreux. Une fois cette date passée, le produit et sa radioétiquette seront probablement détruits.
La sécurité des puces RFID est également un sujet sensible. Non pas que les cartes NFC ou les radioétiquettes ne soient

pas sécurisées cryptographiquement, elles le sont[41]. Mais la sécurité absolue n'existant pas, cette technologie digitale, comme toutes les autres, ouvre des opportunités de *"hacking"* à différents niveaux suivant les générations technologiques implémentées. Si un code barre est altéré ou remplacé par un autre (à l'aide d'une étiquette supplémentaire par exemple), un être humain a une chance de s'en apercevoir, visuellement. Avec la RFID, l'information est cachée, et l'accès, l'identifiant ou le code produit peuvent tout à fait différer des informations visuellement présentes. S'il n'est pas forcément facile de trouver de statistiques officielles concernant les faiblesses des radioétiquettes UHF, il est possible de regarder du côté des cartes bancaires NFC, technologiquement un peu plus anciennes. Par exemple, le taux de fraude des paiements par carte bancaire avec paiement sans contact dépasse celui du vol de code confidentiel à quatre chiffres[42]. Il est donc aujourd'hui moins probable de se faire voler sa carte bleue et son code confidentiel que de se faire voler à distance les informations de paiement pour une facturation sans contact frauduleuse par exemple (comme celles mentionnées dans l'*Histoire de Ralph*). Malgré une sécurité informatique sans cesse accrue (qui a une répercussion sur la complexité des composants électroniques fabriqués), les nouvelles opportunités d'utilisation frauduleuse augmentent au fur et à mesure des nouvelles technologies sans contact déployées. La RFID n'échappe donc pas à cette règle. Qu'en sera-t-il demain

---

[41] Sécurité de l'information au sein des RFID,Wikipedia : https://fr.wikipedia.org/wiki/S%C3%A9curit%C3%A9_de_l%27 information_au_sein_des_RFID

[42] Composition du code confidentiel : 0,01 %. paiement sans contact : 0,019 %, et paiements en ligne : 0,17 %, Source : Fraude à la carte bancaire et crise sanitaire Les consommateurs font toujours plus les frais de fraudes, publié le : 22/10/2020, quechoisir.org

des produits radioétiquetés ? Le radioétiquetage UHF est considéré comme fiable aujourd'hui car il n'est pas forcément aisé de se procurer un lecteur/programmateur UHF (comme celui illustré ci-après). Mais qu'en sera-t-il demain ? Ne sera-t-il pas directement intégré au smartphone, comme l'est le lecteur NFC ?

Exemple de lecteur/programmateur de radioétiquettes UHF

Les technologies en "maturant" et en se déployant massivement sont de plus en plus *hackées*. Le contrôle d'accès par badges RFID fait fréquemment l'objet de détournements dans les fictions comme dans la réalité[43,44,45]. Une carte d'identification nominative, donnant l'accès à certaines personnes exclusivement, peut tout à fait être utilisée par une personne tierce qui enregistrera une trace digitale pour quelqu'un d'autre dans le système d'information du bâtiment "intelligent". C'est l'illustration du niveau zéro du hacking par

---

[43] RFID – Le clone parfait, 12/07/2017, https://www.latelierdugeek.fr/2017/07/12/rfid-le-clone-parfait/comment-page-1/

[44] Dupliquer son badge d'immeuble avec un smartphone c'est facile, 14/06/2019, https://www.latelierdugeek.fr/2019/06/14/dupliquer-son-badge-dimmeuble-avec-un-smartphone-cest-facile/comment-page-1/

[45] Faille NFC – Distributeur Selecta, 3/09/15, https://dyrk.org/2015/09/03/faille-nfc-distributeur-selecta/

intelligence sociale. Plus généralement, des attaques plus complexes sont possibles et l'identification personnelle par RFID ne peut se suffire à elle-même. Elle ne permet de garantir intrinsèquement que les données qu'elle embarque (une clé privée par exemple). Une autre application bien connue concerne les ouvertures RFID de voitures[46]. Aujourd'hui, pour bon nombre de modèles en circulation, le système d'ouverture RFID à distance ne résiste pas à certaines attaques (documentées suivant la génération du véhicule). Généralement, elles peuvent se mettre en œuvre en utilisant des kits disponibles sur internet (par exemple sur la base d'une programmation Arduino). La vulgarisation de ces kits et de ces attaques les rend potentiellement maîtrisables par un plus grand nombre de personnes (mal intentionnées). La liste exhaustive des véhicules vulnérables est impressionnante[47]. Bien réalisée, cette attaque permet au pirate, de monter dans la voiture, ou d'ouvrir le coffre de celle-ci sans les clefs. Bon nombre d'automobilistes, et en particulier de vacanciers (laissant une voiture avec des biens à l'intérieur), se sont déjà fait avoir avec des voitures immatriculés avant 2015.

La technologie RFID, dans sa globalité (sur tout le panel d'applications couvertes), est donc vulnérable aux attaques de cybersécurité comme toutes les autres technologies digitales. C'est donc un risque supplémentaire à prendre en compte, lorsque l'on choisit d'intégrer la RFID. Pourtant, certains

---

[46] "Piratage : comment fonctionnent vraiment les systèmes "sans-clef" de nos voitures ?", 28/04/2019, mac4ever.com, https://www.mac4ever.com/actu/142791_piratage-comment-fonctionnent-vraiment-les-systemes-sans-clef-de-nos-voitures
[47] Sécurité IT : quand les hackers montent en voiture sans clés, Clément Bohic, 11 août 2016, https://www.itespresso.fr/securite-it-hackers-voiture-cles-136067.html

acteurs n'ont pas pris nécessairement la mesure de ce risque au moment des évaluations associées aux choix d'intégration de cette technologie. Celle-ci pourtant coûteuse et impactante à mettre en place étant rattachée de fait à "l'Industrie 4.0"[48,49] et ses paillettes attirantes... Une corruption ciblée, distribuée ou massive de données RFID pourrait pourtant avoir un impact économique retentissant.

Kit de télécommunication UHF sur la base d'un Arduino UNO. Le "kit passe-partout" permettant de hacker bon nombre d'ouvertures à distance de véhicules.

---

[48]Zannas, K. (2019). Développement de capteurs RFID passifs dédiés au monitoring des groupes alternateurs, theses.fr
[49] Mini-industrie 4.0, IOT, RFID, 4/01/2019, https://lindustrie40.fr/category/rfid/

Histoire de Tag, l'étiquette...

Comment ne pas te trouver discrète ?
Ma petite étiquette.
Bien implantée, sous-cutanée,
il se pourrait que tu m'embêtes !

Dernièrement j'ai subi un contrôle,
Comme cela, impromptu,
Totalement inattendu,
Avec toi, l'erreur n'est pas drôle,
elle est humaine pourtant,
Cet impair qui m'a coûté une amende.

J'ai osé partir,
Je n'en pouvais plus il fallait fuir.
Mais on ne badine pas avec la santé,
Et mon trajet mal justifié,
sortait de la légalité.
Un motif il fallait produire,
Et ma puce me ferait mentir...

En temps de pandémie,
Au domicile, il faut rester.
Le mien est tout petit,
Exiguë, sombre et mal fichu,
Et comme je n'en pouvais plus,
Je l'ai quitté,
Sans rien demander.

L'officier qui m'a contrôlé,
A facilement détecté,

Mon Tag sous-cutané.
Où dessus, bien entendu,
Mes métadonnées il a lues.
La main dans le sac, j'étais pris.
Car son appli lui a appris...

Que le COVID-trente-trois,
S'était emparé de moi...

VI - Fin de vie et recyclage des étiquettes RFID

Les deux lames en biseau sectionnent l'enchevêtrement de fils tissés, le long d'une ligne pointillée imprimée avec le symbole de l'outil coupant : les ciseaux. L'habit est maintenant détaché de l'étiquette. Car personne n'en veut de cette longue étiquette rigide qui gratte le dos à cause de l'antenne métallique et du substrat qui y sont encapsulés. Alors, sans plus se poser de question, on la découpe et on la met à la poubelle avec parfois d'autres plastiques qui sur-étiquettent et sur-emballent abusivement produits et sous-produits…
Le fait que cette radioétiquette soit si ressemblante à une étiquette classique peut nous faire oublier le temps de ce geste le caractère technologique et connecté du tag RFID. C'est une des raisons qui rendrait une collecte éventuelle de ces étiquettes particulièrement difficile. Et vous l'aurez compris, sans collecte, point de réutilisation ou de recyclage. En effet, ce n'est pas du tout à l'ordre du jour pour les industriels concernés[50]. Un recyclage serait d'autant plus complexe. Car bien souvent l'antenne et la puce sont directement intégrées dans un empilement de plusieurs matériaux (papier, carton, polymères, textiles, etc.). Les quantités de chaque élément sont si faibles pour chaque étiquette voire infimes pour les constituants de la puce RFID, qu'il serait difficile d'imaginer un recyclage complet avec un budget énergétique raisonnable. Pour rendre le tag recyclable, il faudrait d'abord revoir la conception hardware et software. Notamment rendre réversible le "*kill code*" afin de pouvoir réactiver un tag usagé et permettre sa réutilisation. Aujourd'hui donc, ni la collecte, ni le recyclage,

---

[50] Fumery, Jebali, Defer, Mochez, Recyclabilité des puces RFID – CITC, Cd2e, Livre blanc, 2015, <u>URL</u>

ni la réutilisation des étiquettes RFID jetables ne sont envisageables.

On a donc d'un autre côté de plus en plus de radioétiquettes consommées par les industriels et des acteurs comme ceux de la logistique et de la vente (DHL, TNT, Amazon Go, etc.), et de l'autre de plus en plus de tags disséminés dans divers circuits de collecte de déchets, voire dans la nature. C'est bien là où ça coince.

D'abord, pour les diverses filières de recyclage ayant une contamination de plus en plus fréquente aux radioétiquettes, cela va devenir problématique. Par exemple une bouteille en verre radio-étiquetée n'est recyclable que si l'on retire préalablement la radioétiquette. Sinon, l'aluminium de l'antenne et les métaux et le silicium dopé de la puce vont agir comme des contaminants lors de la fonte et de la recristallisation du verre. Il en va de même pour bon nombre de filières de recyclage, où la radioétiquette multi-matériaux doit être retirée produit par produit ou support par support afin de permettre le recyclage de tel ou tel matériau. C'est le cas pour un simple emballage carton par exemple.

Ensuite, la seconde raison est que si la tendance actuelle est d'intégrer la technologie RFID, elle s'accompagnera d'un déploiement massif et d'une digitalisation à outrance qui ne sont ni maîtrisés, ni durables. Si une grande partie des codes-barres et autres QR-codes est prochainement associée à des radioétiquettes, les volumes, et donc les ressources nécessaires pour une telle fabrication de masse, pourraient devenir un facteur bloquant à moyen terme. En effet, les nombreux matériaux du numérique sont pour beaucoup en tension, et seule une utilisation raisonnée incluant de la réutilisation et du recyclage, peut permettre de pérenniser les stocks et la technologie au-delà de quarante ans[51]. Les pénuries récentes de composants électroniques sont une première alerte qu'il ne faudrait pas ignorer. Il semblerait logique que la massification de l'usage de puces jetable ne puisse pas avoir d'avenir durable.

Finalement, la fin de vie des radioétiquettes est donc doublement problématique. (1) Intrinsèquement il n'y a pas de solution de recyclage de ces dispositifs à faible durée de vie. Les puces RFID sont des micro-déchets hétérogènes, multi-matériaux, intégrés à l'échelle nanométrique. De plus, ces composants sont, rappelons-le, d'une complexité technologique importante et emprisonnent des ressources précieuses. Les jeter massivement pose donc question. (2) Les radioétiquettes sont associées à d'autres produits de manière plus ou moins intégrée et elles pourraient rendre ces produits moins, voire plus du tout recyclables, si ces étiquettes connectées n'étaient pas retirées avant le recyclage du produit ou de l'emballage associé. En quelque sorte, on peut dire qu'un produit radioétiqueté devient donc immédiatement non-recyclable (dans un premier temps). La fin de vie de ces « tags RFID » n'est donc pas satisfaisante du point de vue d'une gestion durable des déchets. On ne peut pas dire que ces micro-dispositifs de traçage s'inscrivent aujourd'hui dans une démarche d'économie circulaire[52]. Pire, ils contribuent à rendre parfois plus difficile la mise en place possible d'une économie circulaire de la réutilisation et du recyclage.

---

[51] La guerre des métaux rares: La face cachée de la transition énergétique et numérique, Livre de Guillaume Pitron, 10/01/2018, Les Liens qui Libèrent
[52] L'économie circulaire fonctionne en boucle fermée, idéalement la notion de déchet n'existe donc pas. Définition Wikipédia, Economie circulaire.

Photo d'une radioétiquette retrouvée dans la nature

Histoire d'Am'Or

Amara habite en Guinée, tout près d'une mine d'or. Son mari, Alpha, y travaille comme convoyeur de minerais. Ce travail est payé environ 130 euros par mois dans la monnaie locale. C'est assez peu par rapport à un de ses supérieurs hiérarchiques, un expatrié européen, qui touche environ dix mille euros par mois. Plusieurs fois par semaine, sa femme emmène ses deux enfants dans des galeries creusées autour de la mine, pour arrondir les fins de mois. Là, les enfants entrent dans les tunnels et participent à l'orpaillage sauvage savamment organisé. Ici, le minerai rouge extrait trouve toujours preneur. La collecte est illégale, mais la marchandise dorée trouve toujours un débouché. S'il n'est pas traité par l'entreprise étrangère qui exploite légalement la mine, l'or est extrait chimiquement sur place avec les moyens du bord. Les locaux ont leurs méthodes utilisant du mercure et de l'eau. Le minerai rouge collecté par les enfants contient des grains ou des poussières d'or en petite quantité. Quand il n'est pas déjà suffisamment hydraté, le minerai est mélangé avec de l'eau et du mercure. Ensuite, on forme des boulettes visqueuses que l'on fait sécher puis que l'on chauffe entre 400 et 500°C. À ces températures élevées, l'évaporation du mercure et bien sûr de l'eau est assurée. Des paillettes ou de la poudre d'or sont alors produites et peuvent être récoltées. La revente se fait ensuite plus ou moins au noir mais finit toujours dans le circuit d'exportation classique pour sortir du pays. Quand il est fait de manière artisanale et sans toutes les précautions requises, ce procédé est très dangereux pour la santé humaine et pour l'environnement ; en particulier, le mercure évaporé. Les vapeurs de ce métal sont particulièrement toxiques pour le système nerveux. L'ingestion de mercure peut avoir aussi des effets nocifs sur beaucoup d'organes vitaux, et peut être fatale.

La pollution des sols générée par ces réactions chimiques faites artisanalement est également importante. L'eau aux alentours est fortement polluée au cyanure et de trop nombreux enfants en boivent directement ou indirectement, subissant des intoxications voire des empoisonnements.
Des arbres sont aussi coupés en abondance notamment pour avoir des linteaux et des poutres de bois qui constituent la structure des galeries creusées. Celles-ci sont sans cesse rallongées pour aller chercher du minerai toujours plus loin et toujours plus profond. Du bois de chauffage est aussi ramassé pour alimenter les fours artisanaux qui font "sécher l'or" comme on dit ici.

Ce jour-là, Amara alla en forêt chercher du bois pendant que ses deux enfants Bakary et Djibril étaient dans les galeries. Elle ramassait du bois depuis une demi-heure lorsqu'elle vit le ciel s'assombrir. L'orage arrivait. Quelques minutes plus tard, l'eau tombait à très grosses gouttes. Amara se dépêcha de retourner aux galeries, inquiète. Lorsqu'elle arriva toute trempée un quart d'heure plus tard, elle chercha ses enfants sous les quelques arbres et abris disséminés un peu partout sur la zone de fouille. Celle-ci ressemblait à une sorte de terrain vague de couleur ocre fait de tas et de trous, l'entrée des galeries. L'eau ruisselait entre les amoncellements de terre, si bien que l'on aurait pu croire que les entrées des tunnels étaient autant de sources sortant de petites montagnes rouges. Amara était terrifiée. Elle ne voyait pas ses deux enfants parmi ceux agglutinés sous les espaces abrités. Le sort réservé à ceux qui restaient coincés dans les galeries par temps de forte pluie lui était parfaitement connu. Pourtant dans son esprit, un tel scénario était inimaginable. Où étaient passés ses deux enfants, si vifs, si débrouillards, si vaillants ?
Elle ne bougeait plus, malgré les litres d'eau qui se déversaient sur elle. Seule sa tête tournait lentement pour scruter une à une

les entrées des tunnels qui se trouvaient dans son champ de vision. Sur l'un deux, une main sortit et agrippa un rebord du tunnel. Instantanément, Amara se mit à courir. Trois enfants la suivirent. Rapidement, elle empoigna la main qui avait agrippé le bord du trou. C'était celle de son fils Bakary. Son autre main tenait fermement celle de son frère qu'il tirait de toutes ses forces presque comme une poupée de chiffon. Djibril était inconscient. Avec l'aide des autres enfants, Bakary et Djibril furent sortis de la galerie. À peine relevé devant l'entrée, Bakary trébucha et manqua de tomber dans l'eau. Il était épuisé. Deux enfants l'aidèrent à se relever. Amara, elle, avait chargé Djibril inanimé sur son dos et l'amenait à l'abri le plus proche. Là, elle fit place nette pour son fils inconscient, et cela sans même avoir besoin d'ouvrir la bouche. Elle l'allongea sur ce qui ressemblait à un banc.

> - *Petit ! Dit-elle en interpellant un des enfants qui avaient accouru avec elle. Faibouche à bouche !*
> - *Comment ça ? Dit-il.*
> - *Comme dans les films.*
> - *Ok.*
> - *Et compte à haute voix entre chaque souffle.*

Amara se mit sur son fils et initia un massage cardiaque peu conforme aux standards occidentaux. Tout à coup l'enfant suffoqua. Sa mère le fit rouler sur le côté, presque sur le ventre. Il se vida. Un liquide orangeâtre sortit de sa bouche. Dans les secondes suivantes il toussa, vomit à nouveau et changea peu à peu de couleur. Djibril était en vie !

Il était vivant mais très faible et pas sorti d'affaire pour autant. Il avait dû avaler une faible quantité d'eau boueuse. Si une grande partie était déjà évacuée, la teneur en cyanure de ces boues pouvait lui être fatale. Il fallait agir vite. Bakary et un des enfants sauveteurs avaient récupéré une planche de bois. Ils chargèrent Djibril dessus et l'emmenèrent sur cette chaise à porteur improvisée. Ils arrivèrent à la route qui dessert la mine.

Là, par chance, ils trouvèrent un Taxi devant l'entrée principale de l'entreprise minière. Un des enfants le paya d'avance avec une petite pépite d'or pour un trajet express jusqu'au dispensaire le plus proche. Amara et Bakary chargèrent Djibril à l'arrière. Puis Bakary monta devant, et Amara s'assit à l'arrière et posa la tête de son fils mal en point sur ses genoux. Une fois arrivé au dispensaire, Djibril fut rapidement pris en charge par une infirmière. Celle-ci fit attendre Bakary et sa mère dans un couloir, sur un banc. Là, ils ne résistèrent pas longtemps à l'envie de s'allonger pour se reposer. Ils s'endormirent rapidement, épuisés. Dans la nuit, ils furent réveillés par un médecin qui tapa sur l'épaule de Bakary.

- *Monsieur, vous êtes bien le frère de Djibril ?*
- *Oui. Comment va-t-il ? Que lui avez-vous fait ?*
- *Rien de mal pour ma part. Par contre, la petite dose de cyanure qui est entrée dans l'organisme de votre frère l'a fait souffrir. Il a subi plusieurs heures de délires, de tremblements et de respiration haletante. À un moment nous avons cru le perdre. Mais finalement la dose de vitamine B12 a fait son effet.*
- *Oh merci docteur ! Pouvons-nous le voir ? Demanda Amara.*
- *En ce moment il dort d'un sommeil profond et réparateur. On va le laisser reprendre des forces. Dès qu'il se réveille, une infirmière vous fera signe. Si tout va bien, il pourra sortir demain midi.*
- *Super. Merci encore.*
- *Par contre, ne retournez pas dans les galeries d'orpaillage, c'est beaucoup trop dangereux.*
- *Vous savez, nous n'y allons pas par plaisir…*
- *Je sais bien mais vos vies valent plus que quelques grammes d'or. D'autant plus qu'ils vous sont repris.*
- *C'est à dire…*

- *Combien va vous coûter la journée d'aujourd'hui ? Une semaine d'orpaillage ? Deux ? Trois ?*
- *Vous avez raison docteur. Le jeu n'en vaut pas la chandelle. Surtout aujourd'hui.*
- *Ici je cherche une femme de ménage spécialisée pour l'hôpital. Madame, si vous êtes intéressée, on pourrait vous embaucher après une période de formation…*
- *Merci, je vais y réfléchir.*
- *C'est moins bien payé à l'heure que l'orpaillage. Mais c'est beaucoup moins dangereux.*
- *C'est noté. J'en parlerai avec mon mari.*
- *Où est-il ?*
- *Il travaille à la mine comme convoyeur.*
- *Je vois. Pour sa sécurité sanitaire, il faudrait également qu'il change de travail. Mais à part celui-ci, je n'en ai pas à lui proposer.*
- *Je parlerai tout de même avec lui.*
- *Très bien Madame. J'espère ne plus revoir vos enfants ici. Pour Djibril je vais vous prescrire encore des vitamines. Il faut qu'il continue d'en prendre durant cinq jours, et bien s'hydrater pour éliminer tout cela.*
- *D'accord. Merci Docteur.*

Le médecin les quitta. Ils s'endormirent à nouveau sur le banc jusqu'au petit matin. Là, une infirmière vint les chercher. Djibril était déjà dans un fauteuil au bout du couloir. Il fallait libérer rapidement un lit semblait-il. Quand ils le virent, Amara et Bakary coururent jusqu'à lui et ils s'étreignirent en pleurant. Après quelques instants, ils riaient de bonheur. Puis Bakary poussa le fauteuil de son frère jusqu'au bureau des entrées. Là, la maman régla la facture avec quelques grammes d'or. Puis Bakary mit son frère sur ses épaules et ils quittèrent les lieux en marchant. Une fois dans la rue, une voiture les attendait. Alpha descendit la vitre du Taxi et les appela. Tout surpris, ils se dirigèrent vers le véhicule. Ils ne s'attendaient pas à retrouver leur père à la sortie du dispensaire. La famille au complet retourna donc chez elle en Taxi. Pour les enfants, c'était la deuxième fois de leur vie qu'ils prenaient le Taxi en 24 heures. Dans le véhicule, Alpha prit la parole.

- *Le bruit a vite couru, et je suis venu vous chercher.*
- *Djibril est un vrai survivant Papa. Dit Bakary.*
- *On a eu très peur. Renchérit la mère.*
- *Moi aussi. Ajouta Alpha. Maintenant c'est terminé.*
- *Pas tout à fait. Il faut aller acheter la vitamine pour Djibril.*
- *Oui je voulais dire, la mine c'est terminé.*
- *Comment ça ? Dit Amara.*
- *C'est trop dangereux. À cause de cette maudite mine, je suis devenu stérile. Maintenant c'est Djibril qui a failli mourir.*
- *Moi aussi. Coupa Bakary.*
- *Oui Bakary toi aussi. Ajouta le père. On ne peut pas continuer à mettre en péril vos vies et notre famille pour ça ! Pour cet or qui ne profite qu'aux européens et aux chinois !*
- *Papa, qu'en font-ils de tout cet or les « Blancs » ? Dit Djibril qui n'avait pas encore parlé.*
- *On dit que les européens en font des bijoux et que les chinois l'utilisent pour les puces électroniques.*
- *Ah bon ? Il y a de l'or dans les puces électroniques ?*
- *Pas beaucoup, juste un peu dans chaque puce. Mais il y a des dizaines de milliards de puces vendues dans le monde. Donc à la fin, ça fait beaucoup d'or.*
- *Des milliards de puces Papa ? Dit Djibril.*
- *Oui des milliards. Il paraît même que certaines sont jetables.*
- *Non ?! Ils jettent l'or que l'on va chercher en risquant notre vie ? Dit Djibril interdit.*
- *Ils sont fous ! Renchérit Bakary.*

-	*C'est bien possible mon fils…*

VII - RFID et Digitalisation... *IoT* et *Big data*

Insignifiante cette petite puce de 0,00015 grammes, n'est-ce pas ? Fixée sur une spirale d'aluminium ultrafin prise en sandwich entre quelques couches adhésives polymères, papiers ou encore plastiques. N'est-elle pas si bien dissimulée qu'il ne faille finalement plus s'en occuper ? Son coût énergétique et environnemental n'est-il pas comparativement peu important devant l'immense défi de décarboner notre industrie lourde et donc notre économie[53] ?

Pourtant, la RFID est bel et bien un des outils de l'industrie 4.0, c'est-à-dire d'une industrie toujours plus connectée, automatisée et robotisée, depuis la fabrication jusqu'au client final. Cette digitalisation à outrance va aussi de pair avec des vulnérabilités croissantes. Celles-ci sont protéiformes, on peut citer l'interdépendance technologique au niveau software et hardware entre les sociétés bénéficiaires et prestataires ; les menaces croissantes de la cybercriminalité, de la question de l'accès aux données privées ou encore des problèmes d'espionnage industriel, qui se sont généralisées et internationalisées.

La puce RFID est donc une partie de cet écosystème d'objets connectés. Comme les autres objets connectés, les puces RFID ne se suffisent pas à elles-même. Ce sont finalement des objets quasi invisibles et sporadiquement connectés, comme d'autres à un terminal, une base de données, voire indirectement à internet. Parfois, la puce RFID fait partie d'un objet multi-connecté plus complexe comme un smartphone sur

---

[53] Décarboner l'économie, un jeu d'enfant ?, Jean-Marc Jancovici, 10/01/2016, cours aux Arts et Métiers de Paris.

lequel on peut charger son abonnement de transport ou sa carte de crédit sans contact.

L'étiquette intelligente nécessite donc cet "écosystème digital" connecté et alimenté en énergie électrique. Tentons donc d'établir le cycle de vie de "la donnée RFID"...

Tout d'abord, plusieurs lecteurs de badges RFID permettent de lire le tag tout au long de son cycle de vie : (1) sur la puce en phase de test, puis (2) une fois l'étiquette complète fabriquée, ensuite (3) une fois le tag RFID collé ou attaché au produit. Plusieurs lectures de l'étiquette peuvent alors avoir lieu tout au long du processus logistique, lors du transport ou de phases d'inventaire ou autres... Puis enfin lors de la vente et de la récupération par le client de cette radio-étiquette désactivée à l'aide d'un *"kill code"*, l'ultime programmation qui permet "d'endormir" ou de désactiver le tag.

Voilà les quelques échanges de données typiques qui seront effectués par différents lecteurs électroniques tout au long du cycle de vie de l'étiquette RFID. À chacune de ces étapes, différents acteurs, ou différentes entreprises, peuvent collecter leurs "Data" : les *IDs* des différents produits identifiés, les dates de péremptions ou autres informations périphériques, en phase de production, en stock, en phase de vente ou d'invendus. Toutes ces données massives, qui traquent une partie toujours plus importante de la consommation de produits manufacturés, vont être stockées sur des serveurs, dans des bases de données, dans des *Clouds*...

La petite puce RFID de 400 micromètres de côté contient donc une information digitale unique. Mais la trace digitale de son trajet physique a généré plusieurs sauvegardes et informations digitales dans différents systèmes d'information connectés tout au long de son cycle de vie.

Par exemple, lorsque vous prenez les transports en commun avec votre badge RFID, vous laissez malgré vous la trace numérique de votre trajet à la société de transport public à laquelle vous payez votre abonnement. Il en est de même pour tout produit ou animal "tagué" avec une puce RFID. À chaque passage devant le lecteur, la trace digitale de la lecture de l'étiquette RFID est stockée dans un Cloud. Ces données peuvent ensuite être éventuellement traitées massivement. Il en va ainsi du Big Data ! Il y a donc bien un cycle de vie de la donnée RFID associé à celui de l'étiquette physique.

Pour autant peut-on déjà parler d'un internet des objets jetables ? Avec la RFID seule, nous n'y sommes pas encore. Les radioétiquettes ne sont pas directement connectées à Internet. Environnementalement parlant, il serait préférable de ne pas y arriver, les étiquettes RFID étant déjà pour partie une sorte d'objets connectés jetables.

Histoire de sens

Quête de sens ou sens de l'Histoire ?
La traite humaine maltraite sa mangeoire.
La Terre ronde et féconde,
Où la Vie abonde,
Abrite désormais un océan de déchets.
Connectés ou pas ? Peu importe au brochet.
Quand dans son estomac,
Quelque chose ne fonctionne pas.

Une antenne en alu, sorte de passoire,
s'est coincée entre cul et nageoires.
Dès lors, il n'y a plus une seconde,
Où le poisson ne sonde,
Les fonds du marais,
Pour avaler toujours plus d'objets.
Pense-t-il que l'un d'eux cicatrisera,
Cette blessure qui ne part pas ?

Un répit, moins de douleur, la survie, une chose est sûre,
Ce déchet brillant et tranchant a condamné ce cyborg mature.

De morale, n'y en aurait-il point ?
Le doigt est déjà dans l'engrenage,
Et les machines pour nous sont en nage.
Pourtant nous profitons encore du festin...

VIII - Analyse de cycle de vie des radioétiquettes

La durabilité environnementale de la technologie RFID a fait l'objet de publications dans la littérature scientifique[54,55]. Je vais m'appuyer ici particulièrement sur les travaux d'Eleonora Bottani et al[56] qui présentent une méthodologie d'évaluation du cycle de vie (ACV), quantifiée et complète pour la fabrication d'étiquettes RFID. Cette étude a le mérite d'être précise bien qu'elle soit potentiellement pro-RFID jetable, l'article détaillant par exemple un intérêt à mettre des étiquettes RFID sur des briques de lait pour mieux gérer les stocks, les dates de péremptions et mieux trier les déchets ensuite... Je reviendrai ultérieurement sur ces aspects mais tout d'abord concentrons-nous sur la matière : que trouvons-nous précisément dans une radioétiquette ? En pratique, une étiquette RFID adhésive typique de la taille d'un timbre postal est composé par exemple de :

- 124 milligrammes de PET[57] (c'est le plastique des bouteilles de sodas)
- 144 milligrammes de colle
- 10 milligrammes d'aluminium

---

[54] Cao, Hui, et al. "RFID in product lifecycle management: a case in the automotive industry." International Journal of Computer Integrated Manufacturing 22.7 (2009): 616-637.
[55] Kanth, Rajeev Kumar, et al. "Evaluating sustainability, environmental assessment and toxic emissions during manufacturing process of RFID based systems." 2011 IEEE Ninth International Conference on Dependable, Autonomic and Secure Computing. IEEE, 2011.
[56] Eleonora Bottani et al., Life cycle assessment of RFID implementation in the fresh food supply chain, International Journal of RF Technologies 6 (2014) 51–71 DOI 10.3233/RFT-140060 IOS Press 51
[57] PET : Polytéréphtalate d'éthylène

- 150 microgrammes de puce silicium
- 21 microgrammes de colle conductrice anisotrope

Chacun des éléments de l'étiquette a été fabriqué à partir de ressources et d'énergie primaire et secondaire comme l'électricité. On considère aujourd'hui que pour fabriquer une puce digitale de 1g, il faut compter au moins 16 kg de ressources, soit un ratio de 1 pour 16000[58]. On parle de l'indicateur MIPS[59]. Il s'agit du ratio entre le poids du produit fini rapporté à la quantité de matière qu'il a fallu mobiliser pour ce même produit. De l'eau, du pétrole, du bois, du charbon et des métaux ont permis de fabriquer des plastiques, des solvants, des colles, éventuellement du papier, de l'aluminium, du silicium puis une puce électronique (comme nous l'avons vu au chapitre IV - intitulé "Production d'un tag RFID"). Chacun de ces éléments a un impact énergétique et environnemental qui lui est propre auquel il faudra ajouter le coût d'assemblage et de transport des radioétiquettes. En résumé, les éléments principaux nécessaires à la fabrication d'un tag RFID, ainsi que les flux et les étapes importantes sont représentés sur la figure suivante. C'est une tentative pour synthétiser l'arborescence des procédés nécessaires à la production d'un objet d'aspect extérieur pourtant simple qui ressemble la plupart du temps à une simple étiquette autocollante papier ou plastique. La complexité pour fabriquer un tel objet, pourtant facturé quelques centimes, est en réalité colossale. Elle dépend d'un empilement de technologies interdépendantes (pour certaines de pointe), aujourd'hui majoritairement alimentées par des

---

[58] L'enfer numérique. Voyage au bout d'un like. Guillaume Pitron.15/09/2021. ISBN : 979-10-209-0996-1
[59] MIPS (Material Input Per Service Unit). https://fr.wikipedia.org/wiki/Material_input_per_unit_of_service

ressources primaires fossiles non renouvelables. C'est le cas aussi bien pour une partie de la matière première contenue dans le produit fini que pour l'énergie primaire nécessaire à sa fabrication.

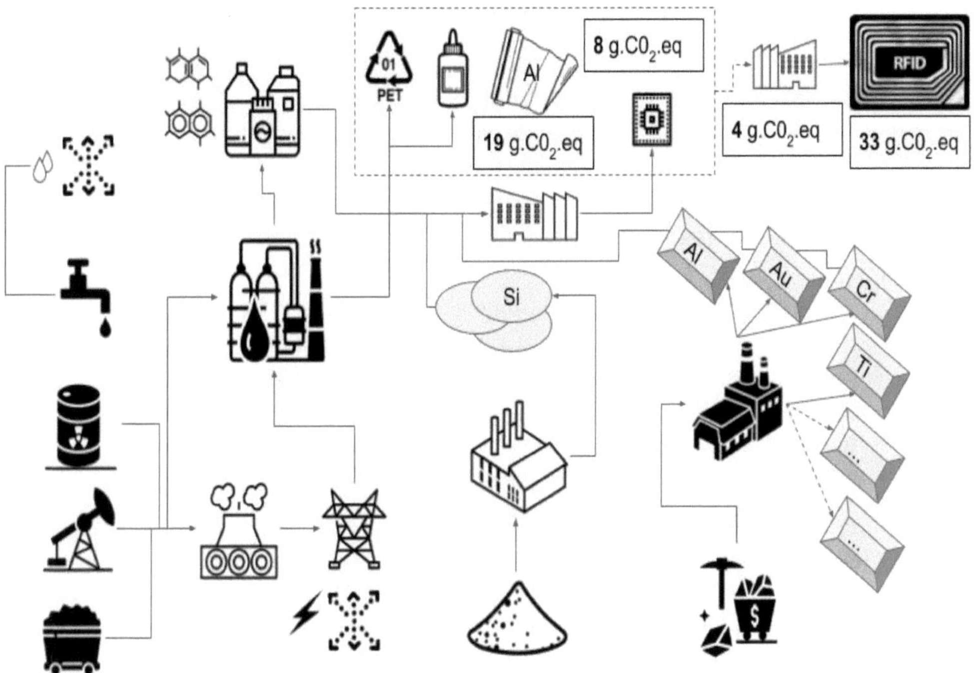

Illustration de la partie production du cycle de vie de l'étiquette RFID

Ainsi, la source d'énergie principale pour la fabrication de la puce RFID est l'électricité. Mais celle-ci est très rarement décarbonée. La France est l'un des rares pays au monde où l'énergie nucléaire domine et permet de produire une électricité décarbonée. La Chine à l'inverse est encore très dépendante d'énergies fossiles (et en particulier du charbon) pour sa production d'électricité[60]. Les polymères et les adhésifs nécessaires à l'assemblage de la puce sont des produits synthétisés à partir du pétrole. Enfin, les métaux et minéraux nécessaires, l'aluminium pour l'antenne et de nombreux autres pour la puce sont extraits également en utilisant de l'énergie fossile fortement carbonée et ont pour certains un impact environnemental très important sur la contamination des eaux et des sols[61]. La rareté de certains matériaux nécessaires pour la nanofabrication de la puce RFID pose également problème à moyen terme. En définitive, la question de la durabilité de cette technologie "sans contact" est intrinsèquement liée à celle de toutes les technologies digitales dites "sur silicium".

Finalement, le détail de l'analyse de cycle de vie publiée par Eleonora Bottani *et al.* pour une seule radioétiquette nous indique que l'élément le plus impactant est l'antenne. Celle-ci, le plus souvent en aluminium, représente environ 60% de l'empreinte carbone globale, soit 19 g.eq.CO2 pour un tag donné. La puce est le deuxième contributeur pour l'empreinte carbone avec 22% des émissions, soit environ 8 g.eq.CO2 pour une puce RFID standard. Le reste comptabilise les émissions liées à l'assemblage du tag (12 %) et à son transport (5%) jusqu'au client qui souhaite radio-étiqueter ses produits. Ces chiffres ont été établis en utilisant une méthodologie transparente et quantifiée d'analyse de cycle de vie (qui utilise notamment le logiciel *SimaPro* et les bases de données associées). On peut donc raisonnablement s'appuyer sur cette étude pour estimer l'empreinte carbone liée à la fabrication et à la distribution de radioétiquettes.

---

[60] Un Monde d'Énergie, Engie, Édition 2019, URL.
[61] Guillaume Pitron, La guerre des métaux rares: La face cachée de la transition énergétique et numérique, Les Liens Qui Libèrent, ISBN : 9791020905789

À l'échelle de l'unité, l'impact environnemental (en particulier les émissions de CO2) d'une radioétiquette peut être considéré comme très faible. Pourtant, 33 g.eq.CO2 par tag correspond par exemple à l'empreinte carbone d'un emballage Tetra Pack®[62] d'une brique de 1 litre de liquide. Étiqueter une brique de jus de fruits avec un tag RFID correspondrait donc à doubler l'empreinte carbone de l'emballage. En pratique, il est probable qu'aucun scénario de récolte et de recyclage de tels emballages ne permette de justifier un doublement de l'empreinte carbone du Tetra Pack® d'un point de vue global (ou planétaire). Une comparaison également illustrative permet d'établir que 2400 puces RFID correspondent à un smartphone jeté en termes d'émission de CO2 (kg.eq.CO2).

Une fois l'étiquette produite, une deuxième phase commence. Cette deuxième partie du cycle de vie de la radioétiquette est mieux connue et maîtrisée par les intégrateurs de technologie RFID. C'est la partie applicative de ces objets connectés de traçage. Sur la figure suivante, cette phase du cycle de vie est décrite. Nous pouvons remarquer que l'impact carbone associé à ces étapes est faible, voire anecdotique pour le stockage des EPC (*Electronic Product Code*) dans les bases de données. Du point de vue applicatif uniquement, il n'y a pas lieu de se poser de questions. La radioétiquette RFID est considérée par les acteurs qui la déploient comme sobre en émissions polluantes. Pourtant, la figure suivante décrit la partie utile du tag pour les chaines de productions et d'approvisionnement mais également la fin de vie probable qui n'est plus du ressort de l'industriel. À la fin du cycle, c'est probablement le consommateur qui jette ou pas l'étiquette RFID à la poubelle.

---

[62] Tetra Brik® Carbon Foot Print calculator :
https://www.tetrapak.com/fr/sustainability/environmental-impact/a-value-chain-approach/carton-co2e-footprint

Pourtant, il est possible qu'à l'instar des déchets traditionnels, d'autres fins de vie soient possibles. Par exemple, une certaine proportion de radioétiquettes pourrait très bien se retrouver jetée ou dispersée dans la nature. Qui en est alors responsable ? Seulement le consommateur (qui ne connaît probablement pas l'existence de la radioétiquettes et de la technologie RFID) ?

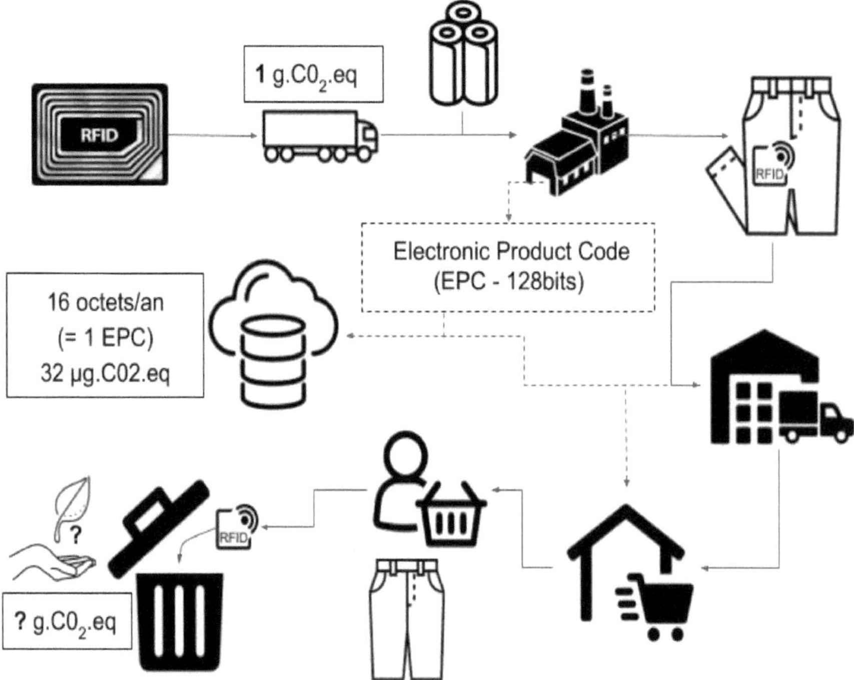

Illustration de la deuxième partie du cycle de vie de la radioétiquette : distribution, programmation, et utilisation de l'étiquette RFID

En fin de compte, l'impact de la radioétiquette et en particulier son empreinte carbone est bien souvent négligé. Il faut pourtant prendre en compte les volumes globaux de radioétiquettes pour se faire une idée. Or ils sont très importants et en forte croissance (plus de 80% de croissance sur dix ans). En effet, en 2019, 20 milliards de radioétiquettes ont été vendues dans le monde[63]. Une grande partie de ces puces RFID sont intégrées dans des radioétiquettes jetables et sont donc destinées à un cycle de vie court, linéaire, problématique pour certaines filières de recyclage et potentiellement impactant pour l'environnement. De grandes entreprises françaises de l'habillement sportif, de la cosmétique ou du luxe vendent chaque année des centaines de millions de produits radio-étiquetés faisant jeter aux consommateurs des quantités non négligeables de déchets électroniques RFID. Cela correspond probablement à des millions de smartphones ou des dizaines de milliards de Tetra Brik® (équivalents) jetés dans la poubelle, voire dans la nature. En outre, un objet radio-étiqueté devient de fait « connecté » et donc un peu plus complexe. Bien souvent, cet objet sera plus difficile à recycler. La radioétiquette accroit donc l'impact carbone de l'objet, mais elle augmente également la difficulté de recyclage, puisqu'il faudra au minimum désolidariser la radioétiquette de l'objet pour que celui-ci puisse poursuivre son cycle de vie en recyclage. Une société qui se voudrait plus écoresponsable peut-elle laisser faire cela sans fin ?

---

[63] Source IDTechEx, RFID Forecasts, Players and Opportunities 2019-2029, https://www.idtechex.com/fr/research-report/rfid-forecasts-players-and-opportunities-2019-2029/700

Histoire sans fin ?

Dans le supermarché vide de toute présence humaine, on entendait l'alarme des portiques antivols se déclencher aléatoirement à différentes caisses. Cela faisait une boucle sonore assez répétitive. Presque comme celle d'une alarme à incendie. Ou plutôt, comme si un vol massif d'articles avait eu lieu, et qu'un groupe d'individus auteurs du larcin collectif s'étaient répartis aléatoirement sur toutes les caisses et avaient décidé de passer tous ensemble à peu près en même temps tout en recommençant leurs valses incessantes.
En réalité, ce vacarme assourdissant était le fait de rats. Plusieurs centaines d'entre eux avaient colonisé le magasin et se reproduisaient à grande vitesse. En effet, la nourriture était abondante sur place, et l'eau pouvait facilement se trouver en cassant une bouteille en verre ou en s'abreuvant à l'extérieur. Le supermarché était devenu l'antre des rongeurs. Mais comment était-il possible qu'ils déclenchent sans cesse l'alarme de ces portiques antivols ? Tous n'avaient pas ce superpouvoir, seuls quelques-uns y parvenaient. L'explication était pourtant simple. Des "rats augmentés" avaient ingéré une étiquette RFID, pas plus grande qu'une pièce de 1 centime. Celles-ci étaient apposées sur le film de plastique qui emballait les fromages frais ou secs entreposés au rayon des produits régionaux AOP ou AOC. Un "authentique produit fermier de qualité", vendu plus cher, méritait certainement d'être tracé numériquement au moyen d'un micro-tag RFID… Les rats s'étaient régalés et certains d'entre eux avaient englouti fromage, cellophane et étiquette sans détruire suffisamment l'antenne et la puce électronique. Ces super rats étaient donc désormais implantés malgré eux avec une puce d'identification dès lors bien inutile.

L'humanité quant à elle, implantée jadis en puce à hauteur de 17% de la population mondiale, venait de connaître un fort déclin à la fois technologique et démographique. Dans l'hémisphère nord, la majorité des êtres humains s'étaient mutuellement affamés, contaminés ou tués. Seules survivaient quelques colonies à l'hémisphère sud de la planète.

Bien sûr, ceux-ci avait abandonné toutes les technologies digitales, beaucoup trop gourmandes en énergie et en matériaux pour leurs faibles ressources encore à disposition. Néanmoins, quelques dispositifs analogiques nécessitant peu de composants et de complexité fonctionnaient encore grâce à une maintenance assurée par des composants facilement récupérables dans le stock de déchets technologiques de la civilisation passée…

"-

- *Stop ! Stop ! Coupez !! C'est encore un docu apocalyptique votre truc ? Ce n'est pas possible, il faut arrêter avec ça. Les gens dépriment déjà assez comme cela… La Covid, le changement climatique, la montée des eaux, on va tous mourir patati patata, c'est bon quoi ! Il faut arrêter avec ça !! On ne fait pas avancer le schmilblick d'un pouce avec une communication mortifère comme cela ! Alors on ne se tourne pas les pouces, on redémarre les neurones, et on trouve un moyen positif de présenter tout cela en donnant de l'espoir et surtout des solutions aux gens ! C'est compris ?!!*
- *Oui, mais tu vois, c'est quand même vrai tout ça. C'est un des scénarios possibles et il s'appuie sur des bases scientifiquement prouvées.*
- *Et alors, oui on va tous mourir ! Et puis quoi ?!*
- *Et bien notre angle, pour sensibiliser, tenter de réveiller les consciences...*

-	*Non. Je m'en fous ! Ça m'épuise votre truc ! De l'espoir j'ai dit ! Je veux de l'espoir et des solutions !!! Merde.*
-	*Ok. ok. ok. On va réfléchir...*
-	*Oui c'est ça ! Et positivez surtout !!!"*

IX - Souverains ? Esclaves ? Ou éco-citoyens ?

De plus en plus, on cherche à faire travailler les consommateurs avec « l'aide » des technologies numériques. C'est même l'objet du livre "Le Travail du consommateur"[64] paru en 2008. Ainsi, au supermarché, lorsque nous avons le choix entre la caisse traditionnelle avec un employé formé à cela, et la caisse automatique où l'on scanne soi-même ses produits, la plupart d'entre nous choisit la deuxième option, pour "gagner du temps". Pourtant, ce gain de temps n'est vraiment pas certain du fait de notre "productivité" de caissier amateur improvisé. En particulier si la personne devant vous, particulièrement lente, n'arrive pas à valider son panier ou à scanner sa carte de fidélité... Les animaux sociaux que nous sommes choisissent donc majoritairement l'automate ou la machine, plutôt que l'interaction humaine dans ce cas de figure. Nous nous privons d'un contact social supplémentaire avec un caissier ou une caissière, qui est bien un autre être humain pourtant... Étrange n'est-ce pas ? Cette anormalité anthropologique récente pourrait bien continuer à s'accentuer avec la généralisation des technologies digitales. Et en particulier de la technologie RFID qui remplace ou complète de plus en plus le "self-scanning" optique de codes-barres. Désirons-nous systématiquement remplacer le travail "en caisse" d'un employé par celui de systèmes numériques sans-fil enregistrant notre "travail" de consommateur ?
En outre, ces radioétiquettes jetables n'ont bien souvent aucune utilité pour le consommateur final. Pire, une grande partie d'entre eux n'a aucune connaissance ni conscience

---

[64] *Marie-Anne Dujarier,* Le Travail du consommateur (La Découverte, 2008), url

d'être utilisateur de cette technologie sans contact (et de remplacer le travail d'un ou d'une caissière).

Pourtant, une fois le produit radio-étiqueté acheté, il revient aux consommateurs de jeter ce déchet électronique qu'est l'étiquette RFID. Mais où doit-on le jeter ? Dans quelle poubelle, le bac jaune ? Le noir ? Dans un conteneur spécifique, comme pour les piles ? Le travail du consommateur ne s'arrête donc pas à la caisse mais continue bel et bien avec son rôle de "trieur de déchets (commerciaux)". C'est donc à nous "*consommacteurs*" que revient la responsabilité de refermer le cycle de vie des déchets et emballages achetés, et en particulier de "refermer" celui des radioétiquettes jetables…

Le comportement de (certains) consommateurs ne permettra pas à lui seul de régler tous les aspects d'une crise énergétique et écologique à la fois globale, multifactorielle, et complexe. En particulier lorsque la pollution technologique est cachée comme dans le cas de ces radioétiquettes jetables. Il ne faut pas ignorer pour autant le pouvoir du consommateur. Celui-ci, lorsqu'il est informé, peut choisir en conscience où il fait ses courses. Il peut très bien choisir de ne pas favoriser les enseignes qui utilisent massivement les radioétiquettes jetables. Il pourra favoriser ainsi des technologies plus anciennes et moins gourmandes en ressources comme un simple code-barres ou code-QR. En effet, ces informations imprimées n'ont pas du tout disparu. Les tags RFID viennent donc s'ajouter sans jamais se substituer totalement à ces informations graphiques. Un retour en arrière est-il encore possible ?

Pour l'émergence d'une technologie vraiment verte, ce retour pourrait être souhaitable, malgré le fait que ces technologies soient moins performantes. Nous n'avons pas le choix: l'avenir énergétique, environnemental et climatique ne nous laisse que l'option de la modération choisie ou de l'effondrement (énergétique) systémique subi (cf. les limites physiques planétaires et dues à la déplétion des ressources combinées aux effets du changement climatique)[65]. Un usage modéré des technologies numériques s'impose donc à nous[66] (c'est-à-dire à toute l'humanité). Gaspiller des bijoux technologiques comme des tags RFID, c'est hypothéquer les ressources disponibles pour l'électronique de demain, celles des générations futures qui n'auront probablement plus du tout le loisir de gaspiller nos ressources fossiles. Concrètement, il est possible que même le maintien des technologies actuelles puisse être compromis (en particulier avec des volumes produits toujours en augmentation actuellement). Il est également fortement probable que nos successeurs n'auront pas le budget énergétique disponible pour recycler un tel concentré de matières et de technologies intégrées à si petite échelle. En effet, comment aller récupérer, avec un budget énergétique raisonnable, l'or, le chrome ou encore l'arsenic des puces, avec des matériaux intégrés sur des épaisseurs nanométriques, lors d'une phase de recyclage ? La réponse technologique actuelle serait coûteuse, complexe et extrêmement énergivore. Elle est donc totalement inenvisageable à la fois économiquement et écologiquement pour les puces RFID. Ne gaspillons donc pas de puces silicium "intelligentes" pour des usages aussi massifs et de courte durée que celui des radioétiquettes jetables.

---

[65] "Explorer l'avenir pour planifier la transition énergétique", 7/11/2019, The Shift Project :
https://theshiftproject.org/article/explorer-avenir-planifier-transition-referentiel-rapport-shift/
[66] "Déployer la Sobriété Numérique", 14/10/2020, The Shift Project : https://theshiftproject.org/article/explorer-avenir-planifier-transition-referentiel-rapport-shift/

En attendant que le sujet des radioétiquettes jetables soit pris au sérieux par les pouvoirs publics et qu'une législation apparaisse, c'est à nous de :

1) Nous informer, c'est notre rôle de citoyen éclairé. Ne nous laissons pas enfumer par des technologies (trop) déconnectées de nos besoins réels et des impératifs environnementaux établis et indiscutables.

2) Agir en étant éco-citoyen, en favorisant la réutilisation puis le recyclage, en triant ses déchets bien sûr, mais surtout en imaginant le maximum d'idées de réemploi des objets et des matières habituellement jetées.

3) En évitant d'être esclave des technologies et en particulier des technologies numériques qui provoquent aujourd'hui addictions, asservissement (travail gratuit) et dépendances. La sobriété technologique, c'est-à-dire le juste emploi de technologie lorsque cela est (vraiment) possible, doit devenir la norme.

L'action individuelle n'étant jamais suffisante, le cadre législatif collectif devrait mieux prendre en compte la gestion et les impacts de toutes les sortes de déchets numériques. Aujourd'hui, les radioétiquettes échappent à la définition d'équipement ou d'objet électronique. Cela devrait être revu, car ces tags sont bien de facto des déchets électroniques : ce sont au sens strict des microcontrôleurs sans fils autoalimentés. Dans le cadre de la technologie RFID, une législation souhaitable pourrait appliquer simplement une écotaxe à ces étiquettes connectées suffisamment conséquentes pour ne pas utiliser des puces RFID sur du consommable jetable et non recyclable. Le même type de taxe que celle qui s'applique à tous les autres types d'objets électroniques et connectés vendu dans le commerce pourrait alors s'appliquer. Une telle taxe rendrait plus difficile, économiquement parlant, le déploiement massif de cette technologie sur silicium à usage unique. Car elle est pour l'instant très majoritairement jetable, non réutilisable et non recyclable. Avec une taxe, les marges voire la rentabilité ne seraient plus assurées pour les produits de consommation courante à faible valeur ajoutée. Une telle loi contribuerait à stabiliser, voire à décroître, les volumes de radioétiquettes jetables produites, ce qui est souhaitable du point de vue de l'utilité sociale, environnementale et énergétique. Logiquement, ce point de vue n'est pas celui des industriels qui ont fortement investi dans cette technologie.

Histoire de R'FIN

Aëlys occupe une place stratégique dans cette enseigne de sport ultra connue. Elle est sur le point de finaliser son projet intitulé "Green Back Step" (un pas en arrière vert). Auparavant, elle avait évalué et présenté l'impact environnemental et énergétique de l'intégration de la RFID dans les chaînes de production et de logistique de son entreprise. Maintenant, son projet arrive en phase deux et elle doit proposer des solutions permettant de combler les lacunes de la "wireless supply-chain" en termes d'impact carbone et de pollution des sols. Et elle aurait une solution à présenter.

Pour elle c'est simple, au vu du nombre de radioétiquettes utilisées par l'entreprise et de leurs cycles de vie trop courts, il n'y a pas trente-six solutions. Il faut fortement réduire l'usage de ces "labels communicants" jetables. Pour cela, il faut pouvoir proposer une solution au moins aussi satisfaisante aux logisticiens et à budget quasi-constant. Elle le savait et elle pensait pouvoir répondre à toutes ces requêtes du cahier des charges.

Plus que quelques retouches, une petite répétition à elle-même, et Aëlys serait prête pour la réunion de l'après-midi où elle devrait présenter son projet.

Juste après un sandwich vite expédié, Aëlys préparait sa présentation dans la salle de réunion. Alors qu'elle relisait ses notes pour ne plus les sortir ensuite, des collègues entraient et s'installaient. Un invité inattendu lui fit lever la tête : le directeur marketing de la boîte était venu voir sa présentation. Pour elle, c'était à la fois un honneur et un challenge supplémentaire qui venait de provoquer une accélération de son rythme cardiaque.

> *- Tout le monde est installé, je peux commencer ? Demanda-t-elle.*

- *Oui, on t'écoute Aëlys. Lui répondit son N+1.*
- *Merci. Bonjour à tous, je vais vous présenter mon projet que j'ai intitulé "Green Back Step" mais auparavant quelques rappels importants sur les raisons qui ont motivé ce projet.*

Alors, Aëlys a rappelé les grandes lignes de l'analyse de cycle de vie des tags RFID. Elle a présenté le nombre d'étiquettes électroniques utilisées depuis le début de l'intégration et rappelé où finissaient ces étiquettes...

Après avoir montré ces chiffres, elle montra deux images. Sur la première il y avait plusieurs lingots d'or et sur la seconde une montagne de smartphones.

- *Voyez-vous, ces deux images représentent par équivalence toutes les radioétiquettes que nos clients ont jetées jusqu'à aujourd'hui. Seriez-vous prêt à jeter cette quantité d'or à la mer ? C'est un réel gâchis n'est-ce pas ?*
- *Tout dépend de ce que l'on a acheté en contrepartie. Rétorqua un de ses collègues.*
- *Nous n'avons rien acheté qui justifie un tel gâchis. Je vais maintenant essayer de vous en convaincre. Ma solution est à coûts constants, elle ne nécessite aucun investissement particulier ni même un abandon des radioétiquettes dans une première phase.*

  Nos magasins sont tous équipés de caméras, au moins au niveau des caisses, à chaque entrée et à chaque sortie et le plus souvent même sur tous les rayonnages. Regardez cette séquence vidéo...

Aëlys montra un extrait de caméras de surveillance en caisse où un client pose un à un ses articles dans une caisse et l'automate lui affiche ensuite la facture.

- *Le client pourrait très bien vider les articles comme on vide un seau de sable dans un bac. Mais non il vide son panier soigneusement article après article.*

Pourquoi ? Et bien parce que en général on ne maltraite pas tout de suite ce que l'on vient d'acheter.

- *Ça dépend des gens. Lui fit remarquer le directeur marketing.*
- *Tout à fait. Mais voyez-vous, 73% des gens font comme ce monsieur.*

Maintenant regardez cette vidéo.

Aëlys montra la même vidéo où apparaissent un cadre vert fluo et la référence du produit à chaque fois que le client sortait un article de son panier. La détection semblait fonctionner même si par exemple un vêtement était en boule ou déformé.

- *N'est-ce pas formidable ?*
- *C'est avec du deep-learning[67] que vous détectez les articles sur la vidéo n'est-ce pas ?*
- *C'est exactement ça. L'algorithme compare les clichés à la base d'articles du catalogue et établit la commande…*
- *Vous n'êtes pas dans la boîte depuis très longtemps, mais avant d'adopter et d'intégrer définitivement la technologie RFID, nous avions testé une technologie vidéo. Cela s'était avéré beaucoup moins performant. Rappela le directeur marketing.*
- *Tout à fait, d'ailleurs je suis repartie de ces tests pour aboutir aux travaux que je vous présente aujourd'hui. Votre intervention m'oblige à dévoiler tout de suite certains éléments.*

Aëlys avança de plusieurs transparents sur sa présentation et afficha un tableau comparatif.

- *Voilà. Reprit-elle. Ce tableau compare les résultats de scans par caméra faits en 2014 et ceux que j'ai traités à nouveau dernièrement. Aujourd'hui la technologie de reconnaissance d'articles est opérationnelle à 99,2%*

---

[67] Deep Learning ou apprentissage profond, <u>ref. Wikipedia</u>

des cas alors qu'elle fonctionnait dans seulement 63%[68] des cas en 2014. De plus, aujourd'hui, sur une même image l'algorithme peut reconnaître quatre ou cinq articles, soit ceux de toutes les caisses en même temps. Enfin aujourd'hui 50% de la détection est faite dans la caméra elle-même alors qu'il fallait un serveur dédié très gourmand à l'époque pour donner un résultat approximatif.

- *Il n'en reste pas moins que premièrement il faut voir l'article pour que ça fonctionne, ce n'est pas le cas avec la RFID. Deuxièmement, la RFID rend des services et un gain de temps imbattable en supply-chain.*
- *C'est vrai. Ou plutôt c'était vrai. Répondit-elle. Aujourd'hui les gens se sont adaptés. Pour voler un article, ils coupent ou mettent hors-service l'étiquette. En logistique, il y a aussi des ratés. Le mois dernier un bug logiciel a faussé la programmation de milliers d'articles. Et je ne vous parle pas du ransomware[69] de l'an passé qui avait changé tous les prix à la baisse sur les caisses sans contact. Il nous a fallu 48 heures pour réagir et nous avons payé la rançon lorsque le pirate a menacé de tout rendre gratuit, tellement nous étions à la ramasse…*
- *Gardez votre sang froid chère Aëlys. Lui dit le directeur marketing d'un ton sec.*

---

[68] Tous les chiffres notés dans cette histoires fictive sont fictifs. Ils n'ont pas de valeur factuelle ou scientifique.
[69] Ransomware ou Rançongiciel est un programme qui confisque des données en échange d'une rançon, ref. Wikipedia

- *Excusez-moi. Dit-elle. Ce que je voulais dire, c'est que toutes les technologies ont leurs failles. À un instant t, la RFID a été choisie. Pourquoi pas la vidéo à t+2 ?*
- *Tout à fait. Mais ce que vous avez démontré jusqu'à présent, c'est que les deux technologies sont nécessaires et complémentaires.*
- *Pour une période de transition oui. Mais ce que je vais tâcher de démontrer maintenant, c'est que ce n'est pas forcément nécessaire ensuite. La fabrication de puces jetables à usage unique pourra cesser.*
- *Allez-y, continuez. Lui dit son manager, qui jusqu'alors n'avait pas osé parler.*
- *Merci. Je continue donc. Au niveau des caisses, pas question de modifier l'infrastructure actuelle puisque je vous ai dit que ma solution était à coût constant. Mais il y a une donnée que nous n'exploitons toujours pas. C'est la masse. Nos bacs pèsent en permanence les articles et nous connaissons leur masse. Une simple indication écrite de prendre et déposer les articles un par un suffira à les identifier au moyen de l'image et de la masse cumulée. Après tout, les caisses autonomes de supermarchés fonctionnent de la sorte. Les gens y sont habitués. Nous maintenons en plus le gain de temps du scan du code barre déjà tout à fait optionnel avec la RFID et qui pourra le rester. L'expérience client n'est donc que très légèrement modifiée avec cette solution.*
- *Et pour l'inventaire et la supply-chain, comment fait-on ?*
- *J'y viens. Pour l'inventaire, on utilise les sorties d'articles en caisse comme c'est déjà le cas. Pour entrer les articles en rayonnages, un opérateur doit disposer les articles. À ce moment-là, les caméras de rayonnage et le smartphone de l'opérateur entrent en*

action. Une simple photo du rayon permet de compter le nombre d'articles. Ceci encore une fois peut se faire par apprentissage. Regardez ce bac de ballons. J'ai appris à l'algorithme qu'ici il y en avait 15, là 21 et ici 36. Ensuite en connaissant le volume du bac et l'image du ballon récupéré sur notre site, il sait compter au ballon prêt. Ici le même traitement pour ce rayonnage d'habits et là, la même chose pour les chaussures.

- *Il n'y a jamais d'erreur de comptage. Car c'est une estimation qui en ressort.*

- *Oui c'est cela. L'algorithme de comptage peut se tromper dans 15% des cas. Cela étant, ce comptage n'est vraiment utile que pour commander les stocks et approvisionner les rayons. La balance exacte peut être faite avec les bons de commande scannés au QR code sur les cartons. Ce qui est toujours fait aujourd'hui car il arrive que certaines radioétiquettes dysfonctionnent.*

- *Par rapport au scénario actuel, est-on totalement équivalent en termes de fiabilité de l'inventaire et de gestion des stocks ? Demanda son manager, pour l'encourager à consolider son argumentation.*

- *Bonne question. J'ai fait une simulation sur les données de dix magasins. J'ai purement ignoré toutes les données d'inventaire obtenues par RFID. Je n'ai gardé que les passages en caisse. J'ai remonté toutes les interventions manuelles dues à des étiquettes communicantes défectueuses ou à des clients peu à l'aise avec nos caisses autonomes. Avec les inventaires RFID, le stock est fiable à 99,2%. Sans ces inventaires sans fil, il reste fiable à 98,7%. Pourtant, il ne faut pas voir ces 0.5% comme une perte d'articles potentielle. Puisque tout ce qui rentre dans le magasin est visible à un moment ou à un autre avec une bonne technologie de tracking vidéo. Ces 0.5% sont juste une incertitude sur des erreurs ponctuelles. C'est-à-dire des articles qui vont réapparaître dans le stock à un moment donné et qui ont disparu le temps d'une erreur de comptage. Par contre, 0,5% c'est aussi la proportion d'articles non conformes que l'on a jetés avant d'arriver en magasin. Et dans un cas sur deux, la raison mentionnée dans notre ERP est radio-étiquetage non conforme. Des produits parfaitement valides pour le client qui n'a que faire des radioétiquettes mais qui sont jetés pour la supply-chain… C'est quand même le comble !!*

- *Donc votre solution éviterait un double gâchis, d'étiquettes communicantes et d'articles mal identifiés. C'est bien compatible avec nos engagements environnementaux c'est bien ! Mais pour la supply-chain, encore une fois, comment faites-vous ?*
- *Comment faisait-on avant pourrais-je vous répondre, car c'était une solution suffisante… Pourtant, ce n'est pas le cas, j'ai aussi une proposition pour la supply-chain. En règle générale, les chaînes de production comme les chaînes d'approvisionnement sont linéaires, au moins par morceaux. J'utilise donc encore une fois l'image de l'article comme élément d'identification suffisant. Sur nos chaînes de production, la conformité et la qualité sont vérifiées, je vous le donne en mille par...*
- *Caméra ! Répondit le directeur marketing désormais plus enthousiaste.*
- *Tout à fait. C'est donc la solution la plus "naturelle" pour identifier et enregistrer la trace de l'article à ce moment précis. La trace digitale ne pouvant facilement disparaître, seul l'article peut se volatiliser mais c'est peu probable. La technologie RFID ne garantit pas non plus la présence physique du produit censé*

l'accompagner. Autrement dit, un produit peut tout à fait disparaître, intentionnellement ou non, sans sa radioétiquette avec laquelle il est censé rester lié jusqu'à la vente.

- *Avez-vous un nom pour cette technologie de traçage visuel des produits ?*
- *Oui ! R'FIN : Reconnaissance Fine pour l'Identification Nominale !*
- *Très bien. Je vais contacter le service de la propriété intellectuelle pour étudier et sécuriser tout cela. Je vous tiens au courant Aëlys, vous m'avez convaincu !*

La réunion se clôturait. Aëlys était intérieurement au bord des larmes. Que de compromis idéologiques et technologiques pour tenter de changer les choses et d'infléchir cette dissémination sans équivalent de déchets électroniques radio-communicants depuis 10 ans... Une lueur d'espoir, enfin !

X - Conclusion et solutions ?

Toute technologie n'est ni bonne ni mauvaise en soi. Seuls les usages (modérés, éclairés, ou à l'inverse massifs, déséquilibrés, etc.) ont des conséquences dans le Monde Réel. Bien que relativement ancienne, la technologie RFID se déploie massivement et le nombre de puces fabriquées croît fortement. Ce sont les étiquettes RFID-UHF, majoritairement jetables, qui prennent de nouvelles parts de marché. Cette technologie se déploie à bas coût et vise désormais le radio-étiquetage de produits de consommation de masse. C'est-à-dire que des objets ou des emballages de produits (vestimentaires, alimentaires ou autres) sont radio-étiquetés unitairement en très grand nombre. Un très grand volume toujours croissant de radioétiquettes jetables est donc produit pour satisfaire ce radio-étiquetage de masse. Une quantité importante de déchets électroniques (pourtant non classifiés comme tels) est donc également produite. On parle en dizaines de milliards d'unités. Des nouvelles applications et de nouveaux marchés apparaissent fréquemment et amplifient d'autant plus un taux de croissance très important.
Cette dissémination massive de "microcontrôleurs sans fil jetables" pose question. En effet, la complexité technologique, telle qu'illustrée dans ce livre, est très importante. La question des matériaux, des ressources naturelles, des pollutions de l'air, des eaux et des sols, de l'énergie et des infrastructures nécessaires n'est jamais posée au niveau environnemental et sociétal quant à la production puis à la dissémination de masse de ces radioétiquettes jetables.
L'impossibilité actuelle de collecte et de recyclage de ces dispositifs, rend peu compatible un déploiement massif qui aille

dans le sens d'une économie circulaire. Pourtant sa mise en place est tout à fait souhaitable. Récemment, l'économie circulaire s'est d'ailleurs politiquement affichée.

Enfin l'analyse de cycle de vie d'une radioétiquette nous indique que sa production génère plus de 30 g.CO2.eq. Cela correspond par équivalence, à l'impact carbone d'un emballage Tetra Brick d'un litre. Cette empreinte carbone correspond également à un smartphone jeté pour 2400 étiquettes mises à la poubelle. Si cette empreinte peut paraître faible à l'échelle unitaire, le gâchis technologique pose donc question au regard des dizaines de milliards d'unités produites et disséminées avec une durée d'utilisation effective souvent très courte.

En écrivant ce livre, je me suis posé à plusieurs reprises la question suivante : les puces RFID représentent-elles des enjeux environnementaux et énergétiques suffisamment importants pour en parler dans un petit ouvrage ?

Ma réponse finale à cette question est affirmative. En effet, cette technologie est symptomatique de notre époque où la société de consommation de masse perdure alors que des pénuries de composants électroniques se font déjà sentir. La fabrication de radioétiquettes RFID met en jeu des techniques de fabrication parmi les plus avancées que l'humanité ait inventées : les nanotechnologies. Et dans le même temps, ces technologies de pointe sont mises au service de la production massive d'objets connectés, en particulier de puces RFID, qui finissent jetées après une très courte utilisation, comme ou avec de vulgaires déchets.

En outre, ces radioétiquettes jetables se sont déployées à l'insu du consommateur final et sans lui apporter aucune utilité ou avantage concret. Il en paye pourtant indirectement le prix. Il peut aussi faire les frais d'une faille de fiabilité ou sécurité du dispositif et il a la charge de la fin de vie du tag (de le mettre à la poubelle ou pas). Le plus souvent, la radioétiquette a achevé de jouer son rôle lorsque le produit tagué a été acheté. Son utilité intervient en amont. Le radio-étiquetage permettant de gagner en productivité en automatisant des phases de comptages, d'inventaires ou de facturation de produits. Et cela à distance et éventuellement sans avoir besoin de visualiser les produits. Cette technologie puissante est donc au service de la logistique, de la vente, ou plus généralement de l'industrie, mais elle n'est pas directement au service du consommateur final. Elle a donc été mise en place sans lui et il ne la connaît pas. Ce n'est pas aux caisses automatiques où l'on n'a pas besoin de scanner les produits que l'on expliquera aux gens les tenants et les aboutissants de cette technologie digitale et les impacts environnementaux associés.

Finalement, la thématique du gâchis est prégnante et transversale dans notre société de consommation. Les radioétiquettes jetables en sont un exemple supplémentaire édifiant. On les consomme comme de vulgaires post-it ou étiquettes autocollantes. En effet, si un smartphone a une durée moyenne d'utilisation de deux ans, une radioétiquette UHF, également à la pointe des technologies numériques, est généralement jetée au bout de six mois dans le cas de produits non alimentaires. Mais c'est seulement quelques semaines d'utilisation si l'on prend le cas de fromages radio-étiquetés. C'est un temps très inférieur à celui de la fabrication de la seule puce RFID, si complexe et si longue à fabriquer... Mis à l'échelle d'une consommation de masse en plein essor, le gâchis technologique est donc inimaginable !
Pour tenter de s'en rendre compte, supposons par exemple qu'à chaque achat, nous devions jeter une carte bancaire. Quelle serait alors notre réaction ? De l'indignation ? Un sentiment de gâchis ? Une envie de révolte écologique ? Pourtant c'est à peu près ce qu'il se passe lorsque nous achetons des produits radio-étiquetés. La seule différence est

que la technologie de radio-étiquetage jetable est généralement plus discrète et bien intégrée aux produits ou aux emballages. Le consommateur ne se rend pas compte du déchet connecté qu'il achète avec son produit.

Pourtant, à ce prix environnemental (matériaux, procédé, pollutions générées) et humain (extraction des matériaux, risques, conséquences sanitaires des pollutions), pour combien de temps pourra-t-on encore raisonnablement continuer de jeter autant de puces RFID ? Doit-on continuer de généraliser le déploiement de cette technologie peu pérenne dans de nombreux secteurs de consommation de masse ? Partout sur la planète ?

La réponse logique à la lecture de ce livre est, je l'espère, négative pour chacun d'entre vous.

Quelles solutions peut-on alors proposer ? Quelles sont les fausses solutions qui nous mèneraient au même point ?

Les bonnes solutions sont bien connues. La réutilisation, le réemploi, et en dernier recours seulement, le recyclage. En effet, recycler est généralement bien plus coûteux énergétiquement que de réutiliser.

Prenons l'exemple des bouteilles en verre. Les radio-étiqueter pose problème pour le recyclage du verre. Ce même recyclage des bouteilles est énergivore puisqu'il faut faire fondre le verre à 1400°C. Par contre, si les bouteilles sont consignées et réutilisées effectivement un certain nombre de fois, l'étiquette RFID étanche et durcie peut éventuellement avoir un intérêt. De plus, la réutilisation est sobre énergétiquement, seul un nettoyage de la bouteille est nécessaire. Cependant, le système de consignation des bouteilles en verre fonctionnait bien avant l'invention de la RFID. Le radio-étiquetage peut donc être contesté pour cette application même si le suivi des bouteilles par RFID peut être un atout défendable.

En fin de compte, c'est bien la même démarche écoresponsable que nous devrions mettre en place pour les radioétiquettes (comme pour le maximum de produits manufacturés). Si les tags RFID des vêtements étaient réutilisés voire consignés, ce pourrait être un exemple d'utilisation vertueuse et modérée de cette technologie. Une étiquette RFID robuste fixée au moyen d'un rivet pourrait être posée en usine et retirée en caisse afin de réutiliser les étiquettes. Celles-ci devraient alors être reprogrammables. Un tel système serait finalement assez proche des boîtiers antivols RFID posés en magasin et retirés en caisse. Une pose en usine d'étiquettes textiles fiables et réutilisables aurait l'avantage de permettre de maintenir tous les avantages des radioétiquettes jetables actuelles tout en proposant un vrai circuit de réutilisation. Des solutions de récolte et de recyclage des radioétiquettes existent donc déjà. Elles impliquent d'avoir la volonté réelle de mettre en place une économie circulaire. Puis, dans le même temps, de trouver un modèle économique pour favoriser le réemploi et en dernier recours seulement, le recyclage. Continuer de laisser le(s) marché(s) gouverner de plus en plus seul(s) en adoptant les technologies X.0 en vogue nous mènerait d'autant plus vite dans une impasse environnementale, climatique et énergétique. L'exemple de la dissémination incontrôlée des radioétiquettes jetables sur la planète n'est qu'un exemple de plus d'une industrialisation ultra-compétitive et donc ultra-prédatrice qui n'est plus durable même à court ou moyen terme. N'oublions pas que ce sont les générations futures qui, dans un contexte probable de pénurie, devront gérer les pollutions mondiales, croissantes et protéiformes. Puis nécessairement les modérer et les traiter de gré ou de force. De plus, le problème des pénuries récentes de composants électroniques devrait nous inciter à très fortement restreindre notre utilisation de puce silicium à usage unique. Ce serait, en toute logique, un effort nécessaire pour préserver l'avenir…

Existe-t-il un outil pour départager les bonnes et les moins bonnes solutions ? Oui. Une bonne solution permet d'évaluer simplement une économie effective d'émissions polluantes sur tout le cycle de vie (en particulier de CO2). L'analyse de cycle de vie est cet outil d'évaluation clé qui est déjà en place. Un gain calculé unitairement doit rester valide globalement. C'est à dire qu'une baisse d'émission à l'échelle unitaire ne doit pas engendrer une forte hausse globale de consommation de l'unité considérée. Sinon, nous avons à faire à l'effet rebond, qui ne permet pas à l'échelle globale la baisse réelle des émissions polluantes.

Le monde est complexe et ultra-technologique, et les outils d'évaluation sont déjà en place. Il reste à les utiliser et les améliorer continûment, pour évaluer, y compris dans le champ politique, les choix technologiques d'hier, d'aujourd'hui et de demain. De nos jours, personne ne devrait présenter, "au marché" ou au monde, des nouvelles technologies innovantes conduisant ou induisant une hausse des émissions de gaz à effet de serre ou une nouvelle pollution protéiforme. Ce n'est plus une perspective acceptable. À ce titre, le déploiement massif de la technologie RFID devrait être réévalué.

Histoire de Res'

Dans un petit village d'inspiration celtique, non loin de l'oppidum de Bibracte, une poignée d'artisans fabriquent des objets à partir d'éco-matériaux renouvelables ou recyclés. Res' a développé un procédé de fabrication de bijoux assez original. Dernièrement, ses bagues et boucles d'oreilles serties de puces silicium ont beaucoup de succès. Il consigne ses méthodes de fabrication dans un petit livre intitulé "Revalorisation folklorique de rebus technologiques". Voici ci-après un petit extrait :

Pendentif ou boucles d'oreilles en bois, à base de résine de cerisier et puces RFID recyclées.

- *Récolter quelques grammes de résine de cerisier ou de merisier (elle cicatrise les "plaies" de l'arbre au niveau des coupes de tailles par exemple). La dissoudre dans la même masse d'eau et de vinaigre blanc (50/50). Le ramollissement de la résine peut prendre une nuit sans agitation. Une fois durcie, la résine de cerisier ressemble à de l'Ambre. C'est très joli.*

- *Délaminer une dizaine de radioétiquettes récupérées dans les poubelles ou ramassées dans la nature. L'antenne et la puce doivent être visibles. Sur chaque tag, récupérer la puce à l'aide d'une petite pince (type pince à épiler). Décoller l'antenne en aluminium puis regrouper et trier les déchets par type : l'aluminium avec l'aluminium, les supports textiles avec le textile et le papier avec le papier le cas échéant.*

Garder de côté les puces récoltées dans un fond d'eau par exemple ou sur un textile humide.

- *Découper, sculpter, puis brûler ou éventuellement pyrograver un anneau ou médaillon de bois en forme de goutte (du noyer est un choix d'essence possible). Sur chaque forme (anneau ou goutte pour des boucles d'oreilles), on pourra faire sept trous peu profonds d'environ un millimètre de diamètre, régulièrement espacés. Faire éventuellement un trou plus important de 5 millimètres au centre de l'objet.*

- *Assemblage : pour des boucles d'oreilles, visser les attaches d'oreilles dans le bois. Puis enduire au pinceau la face percée de trous avec la résine dissoute de manière à ne pas remplir les trous. Disposer ensuite une puce RFID par trous en essayant de rendre visible les bosses d'or. Après cinq minutes de séchage, ajouter au pinceau ou en trempage une deuxième couche de résine dissoute. Et "vernir" toute la pièce de bois avec la résine (que l'on pourra fluidifier avec de l'eau chaude). Laisser sécher une nuit.*

- *Le résultat est très joli :*

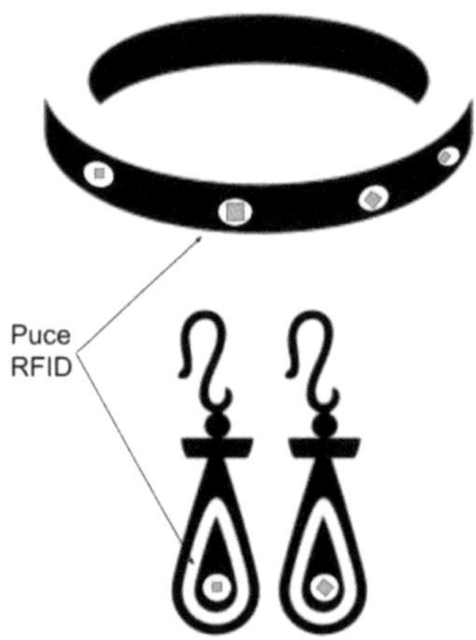

Concept de bague et de boucles d'oreilles en bois noble serties de puces RFID nues et assemblées dans une goutte d'ambre

Comme ses bijoux connurent un fort succès, Res' avait écoulé toute sa production. Il avait désormais besoin de trouver un nouveau "gisement" de radioétiquettes jetées. En effet, son canton était peu peuplé et il avait déjà soigneusement dépollué la nature alentour. Il allait devoir maintenant réfléchir à mettre en place un circuit de récupération de ces déchets si particuliers. En fin de compte, si l'on prend le temps d'y réfléchir, rien ne se perd, et tout peut se valoriser, pensait-il...

Postface : Un livre au service du peuple, tout simplement

par **Benjamin Caillard**, ancien enseignant-chercheur en micro et nanotechnologies. Auteur et interprète de la conférence gesticulée intitulée *"(Con)science et progrès : La recherche scientifique au service de l'humanité (la plus aisée)"*.

Imaginons qu'un jour (rêvons!) une convention citoyenne pour le climat rassemble 150 citoyen.ne.s tiré.e.s au sort et leur donne le contexte pour s'informer exhaustivement afin que ces citoyen.ne.s émettent des propositions qui engagent dans le domaine de la transition énergétique.

Imaginons que cette convention soit organisée en thématiques, dont l'une serait de s'intéresser à l'impact des technologies sur l'environnement et les conditions de vie.

Après tout, ce n'est pas impossible à imaginer : 5G, nanotechnologies, Intelligence Artificielle, OGM, thérapies géniques, nucléaire … Tout cela est fort chamboulant et impactant (certain.e.s n'hésitent pas à dire qu'*homo sapiens* devient *homo deus*) et il serait normal que des citoyen.ne.s s'en emparent pour tenter au moins d'en savoir plus sur les impacts concrets de ces révolutions technologiques permanentes, qui vont jusqu'à ébranler notre chronobiologie, notre façon de nous nourrir, de communiquer et même de penser, notre définition de la Vie et de la Mort … Ou qui fait peser un risque permanent sur l'ensemble de la planète.

Chaque technologie serait tour à tour présentée dans son ensemble, avec son histoire, sa méthode de fabrication, ses applications présentes et attendues, son impact environnemental, social, économique, les questions éthiques soulevées … Quels gains, quelles incertitudes, quels dangers potentiels (et quels moyens de les éviter et à quel prix !), pour quelles parties de l'écosystème …

Les citoyen.ne.s pourraient alors débattre et demander d'autres points de vue, dans le but de repérer des arbitrages démocratiques qu'il.le.s estiment utiles d'opérer. Ils et elles iraient alors jusqu'à émettre des projets de lois défendant le bien commun (développement, encadrement plus ou moins strict, interdiction pure et simple de telle ou telle technologie), ce contrôle démocratique s'imposant ainsi face à la loi du marché (offre, demande, innovation …). On pourrait ainsi imaginer ... je ne sais pas : une proposition de moratoire sur la 5G ?

Laissons de côté cet exercice de pure imagination pour nous intéresser au livre que vous avez entre les mains.

Son sujet, les RFID, est déjà en soi intéressant : des petits circuits électroniques, pas plus gros qu'un grain de poussière, avec une simple antenne, qui nous permettent tout simplement la technologie sans-contact ! Pouvoir passer son pass devant un lecteur sans s'arrêter, ne plus avoir à composer son code de carte bleue ! Une nouvelle fonctionnalité bien sympa – arrêter de faire la queue dans les supermarchés, le rêve ! Comme les écrans tactiles, comme les écrans plats, comme les LED, comme … Dans les films de science-fiction … Et puis cela permet une société sans contact … Ça permet de faire comme avant, mais sans contact … Plus rapidement, efficacement.

Mais ce que je trouve fascinant dans ce livre, c'est l'intelligence exemplaire dont fait preuve Étienne dans sa façon d'en parler, et je pèse mes mots lorsque j'utilise le terme exemplaire : qui devrait servir d'exemple. Sur la forme comme sur le fond, il remplit totalement les critères d'une présentation des enjeux autour d'une technologie, ici les RFID, accessible pour des citoyen.ne.s.

Court, écrit avec aussi peu de jargon que possible, il contient à la fois du savoir et des récits, et fait tout pour donner aux personnes qui le lisent l'appétence de lire et de s'approprier ce qu'il contient, en leur donnant des arguments, des alternatives, des rêves, des mises en garde. Il ouvre des portes de réflexion et de concertation, donc, potentiellement, il augmente notre capacité à nous positionner, et donc notre puissance d'action et de décision. Loin d'assener des vérités, il ouvre des portes et invite à la réflexion autonome ; citoyenne.

D'un côté, Étienne adore la technologie, la Science, les gadgets. C'est un « couteau suisse » de la recherche, foisonnant d'idées et d'initiatives. S'il n'y avait aucun revers à la médaille de la RFID, il serait à fond favorable à leur utilisation, voire leur essor. Et on sent la partie saine de sa jubilation enfantine dans ses lignes. Et c'est beau.

D'un autre côté, Étienne voit les revers des médailles. Il a été livré avec un esprit critique puissant que sa condition de chercheur n'a pas altéré, et surtout avec un esprit transdisciplinaire et complet : incluant des considérations sociales, environnementales, éthiques, philosophiques, voire spirituelles. Lorsqu'il écrit, il pense aussi bien à la partie rationnelle qu'à la partie émotionnelle de notre cerveau, non pas pour instrumentaliser les émotions, mais pour qu'elles alimentent la réflexion : cela nous fait quoi lorsque nous imaginons qu'un troupeau pourrait être abattu à cause d'une puce défectueuse ? Que des enfants puissent s'empoisonner durant le pénible travail d'extraction des matières premières nécessaires à leur fabrication ?

Il ne parle pas de cela pour nous faire horreur et frissonner, mais pour susciter que l'émotion résonne véritablement en nous et, enrichie de savoirs académiques sur les RFID et leurs applications, nous aide à raisonner en menant une analyse logique incorporant notre empathie.

Il n'en parle pas pour nous **convaincre** de stopper l'utilisation des RFID ; il le fait pour nous **aider dans notre positionnement** sur cette technologie ; que nous en connaissions le prix en termes d'impacts négatifs réels ou potentiels, sociaux et environnementaux. Que nous réfléchissions à ce que la généralisation des RFID entraîne, à ce qu'elle dit de nous, transforme en nous, afin que, in fine, nous nous autorisions à avoir un avis qui, de la sorte, est légitime.

En lisant cela, peut-être vous dites-vous : « eh bien, oui, tant mieux, mais c'est normal, pas de quoi en faire tout un plat » ?

Hélas, ce n'est pas si normal. De très nombreuses interventions médiatiques de technophiles et de scientifiques, même les plus « humanistes » (c'est-à-dire faisant de la recherche « pour le bien-être de l'humanité ») proposent le même contenu – avec quelques variations (parfois, ces différents points sont explicités, parfois ils restent non-dits) :

- éloge dithyrambique devant les prodigieuses perspectives des nouvelles technologies en général ou d'une technologie en particulier, insistant sur des applications merveilleuses et sur le recul des limites de la Connaissance, sur le génie de la Recherche et de la Science ; du rêve, de la science-fiction avec force détails et avantages mis en avant.

- Parti pris indépassable que le progrès technologique est en soi un progrès, qu'au nom de la Connaissance, du Savoir et du Progrès, il faut toujours continuer à chercher, dans tous les domaines (cette croyance s'appelle le scientisme. La Science c'est le Bien. Les problèmes dans le monde réel, c'est parce que les gens ne sont pas rationnels, c'est parce que le politique ne fait pas bien son boulot).

- « Les gens » ne comprennent pas les bénéfices de telle ou telle innovation, nous avons une peur irrationnelle du progrès par conservatisme et ignorance, ou parce que nous sommes réfractaires au changement, voire que nous voulons « le retour à la bougie » ; il faut faire de la pédagogie et de l'éducation, il faut revitaliser la culture scientifique dans ce pays, redevenir « raisonnables » (on parle ici d'œuvrer à développer l'acceptabilité sociale des innovations technologiques).

- En fin d'intervention ou de livre (*toujours* à la fin), les soucis éthiques, environnementaux (« si c'était mal appliqué ») et sociaux ainsi que les inégalités d'accès aux innovations sont toujours mentionnées certes, mais rarement détaillés, presque toujours survolés et le plus souvent pondérés par le bénéfice global. Comme pour se donner bonne conscience en fait, car dans une optique de développer la Connaissance et/ou de rester compétitif, il FAUT continuer à chercher (s'y on s'y refuse on se « tire une balle dans le pied » dans la compétition internationale, et de toute manière « d'autres le feront »). En outre, certes, il peut y avoir des problèmes générés par les innovations technologiques, mais on y trouvera des solutions (technologiques) car on a toujours trouvé (on est hyper forts) et on n'a pas le choix (ce déni s'appelle la fuite en avant technologique, notamment pour les impacts environnementaux).

- Pour rester dans une démarche scientifique rationnelle pure, au nom de la « neutralité de la science », les scientifiques n'ont pas à se soucier des résultats de leurs recherches en tant que scientifiques, et on trouve très rarement un appel *contraignant* à un minimum d'éthique. Bien sûr il faut prendre des précautions, mais ce n'est pas leur rôle de participer à cette prise de décision, c'est aux politiques et aux citoyen.ne.s, comme si la science était vidée de toute substance politique (mais là, pas de rêve, aucun détail donné, que des généralités, pas de réflexion profonde sur la démocratie, la justice sociale ou climatique).

- Faire de la science citoyenne ou participative, c'est bien, mais cela consiste surtout à faire de l'éducation spécifiquement sur la technologie en question ou de l'acceptabilité sociale, et cela doit rester dirigé par des scientifiques.

En revanche, ce que l'on trouve très peu dans ces discours, c'est une place réelle et légitime au questionnement crucial : tout progrès technologique se traduit-il vraiment en un progrès humain ? N'y a-t-il pas des domaines dans lesquels il ne faut pas aller jusqu'aux applications tant que l'Humanité n'a pas atteint un minimum de sagesse ? N'y a-t-il pas des champs de recherche présentant des dangers qu'il faudrait cesser de financer au profit d'autres domaines négligés et moins dangereux, ou au profit d'un développement plus poussé d'une technologie déjà existante ?

Ainsi, durant le grand débat national sur les nanotechnologies, on ne trouvait en tribune que des partisans des nanotechnologies … Et on s'étonne après que des opposant.e.s aient protesté fortement !

Avec ce livre, Étienne montre qu'il y a une façon pour les scientifiques des domaines technologiques de s'engager tout en restant dans une posture scientifique, de produire un « savoir engagé » comme dirait Bourdieu, et c'est une prouesse rare. Tour à tour chercheur-inventeur, ingénieurconcepteur, technicien-bricoleur, il analyse, explique, développe des grandes alternatives ou propose des astuces techniques … Voire de l'humour, de la poésie et du rêve ! Un exemple de créativité couplée à de l'engagement faisant appel à nos intelligences multiples et à notre esprit critique, une invitation réussie au dialogue et à engager une démarche citoyenne. Et cela en restant constructif et sans le moindre dénigrement, sans une once de conflictualité, de la première à la dernière ligne ; en proposant toujours une ébauche de solution face à un blocage apparent.

Qu'elle soit « utile » ou « inutile », toute nouvelle technologie est intrinsèquement fascinante et merveilleuse pour qui s'y intéresse vraiment, ne serait-ce que par la prodigieuse ingéniosité qui la sous-tend, par la somme colossale de travail collaboratif sur plusieurs décennies – via les publications scientifiques – qui l'a rendue possible. De cela, Étienne et moi convenons largement.

Mais l'être humain n'est pas parfait (« parfaitement rationnel »), l'environnement n'est pas une simple réserve de matières premières, la société de consommation n'est pas un modèle de modération, de solidarité, de responsabilité. L'intégration des technologies dans le monde réel est, la plupart du temps, potentiellement génératrice d'inégalités, de pollutions, de questionnements éthiques, de changements de mode de vie imposés … Et, au final, elle n'amène qu'un bien-être limité à un nombre limité de personnes, au prix d'effets néfastes pour la planète (dont un grand nombre de personnes).

Dans le cerveau d'Étienne, il n'y a pas : « d'abord on développe une technologie, et ensuite on prend des précautions oratoires, on fait de la pédagogie auprès des gens, et on prend des mesures pour augmenter son acceptabilité sociale et diminuer ses impacts négatifs éventuels (et minimisés) ».

En revanche, il y a : « d'abord on pense au bien-être des gens et de la planète. Telle ou telle technologie doit être développée en prenant en compte, le plus tôt possible, les paramètres environnementaux et humains, le monde réel, avec ses imperfections, ses inégalités, ses émotions, ses difficultés à recycler, la tension sur les matières premières... Et on décide alors de passer de la Recherche et de la connaissance-qui-faitrêver-et-grandir au grand public – ou non, ou en partie seulement. »

Le manque d'humilité du présent paragraphe m'empêche d'y inclure Étienne mais : dans mon cas, c'est une connaissance poussée d'une technologie – prenant en compte toute cette complexité du monde réel *selon moi* – qui me fait la critiquer, parfois au point de la refuser. Ce n'est pas par manque de connaissance ou d'éducation, ce n'est pas parce qu'on aurait manqué de pédagogie avec moi. C'est l'importance que j'accorde à toute forme de vie, utile ou non à notre survie, au minéral, à l'air et l'eau ; c'est la volonté que ma fille de neuf ans puisse elle aussi avoir la chance qu'elle me procure par sa Joie et son insouciance. Pour moi, c'est une faute professionnelle majeure pour tout scientifique humaniste de ne pas prendre en compte pleinement la réalité du monde dans lequel la technologie a vocation à être intégrée, de botter en touche et de dépolitiser son rôle au nom de la neutralité de la science.

Cette faute professionnelle, Étienne ne la commet pas, bien au contraire.

Avant de conclure, il me semble incontournable en ces temps de confinement et de couvre-feu nous incitant à nous numériser, sans contact, de soulever spécifiquement la question des risques sur les libertés individuelles que font peser les nouvelles technologies digitales, dont les RFID.

À titre d'illustration, au début de l'essor des RFID, il y a quelques années, on a parlé du « carré VIP » d'une boîte de nuit qui n'était accessible qu'aux personnes ayant accepté de s'être fait greffer une puce RFID sous la peau, près de l'épaule. Quelques années auparavant, c'était le film *Bienvenue à Gattaca* qui décrivait une société dans laquelle l'ADN déterminait tout, du logement au travail en passant par la vie amoureuse (tandis qu'un des épisodes plus récent de *Black mirror* faisait de même avec la notoriété sur les réseaux sociaux). Cela résonne fortement alors qu'on débat actuellement sur la pertinence d'un passeport vaccinal qu'il faudrait présenter pour avoir le droit d'accéder à certains lieux. Non ?

Et oui, les RFID – comme les caméras de vidéo-surveillance et les drones soutenus par la reconnaissance faciale (bientôt des nano-drones invisibles?), comme la généralisation de la géolocalisation ou des Intelligences Artificielles qui espionnent nos communications numériques, tout cela avec fort peu de régulation par les citoyen.ne.s – font partie de l'arsenal potentiel mis à disposition du contrôle des populations, sur lequel des fonds massifs sont injectés.

Pour ma part, je parle du risque d'aller vers du Contrôle Absolu Techno-Assisté (c'est la C.A.T.A !) qui est la seule solution explorée ET financée (par le privé comme par le public) pour maintenir la stabilité de la société de consommation qui, déstabilisée par les inégalités générées notamment par les différences d'accès aux innovations, est également techno-assistée ...

Étienne s'est refusé dans ce livre à l'évoquer trop en profondeur, et je le comprends : trop anxiogène, trop de suppositions, avec le risque de tomber dans la caricature, il faudrait y consacrer un livre spécifique. Et puis, après tout, nos libertés individuelles ne sont pas menacées par les RFID en soi.

Concluons ! Quasiment personne ne veut « revenir à la bougie », contrairement à ce que clame tout.e scientiste qui se sent attaqué.e dans sa croyance dans la science et la technologie.

En revanche, nous sommes de plus en plus nombreux.es à vouloir questionner et ramener dans le champ démocratique le choix de société qui consiste à parier sur l'ingénierie technique plutôt que l'ingénierie humaine pour établir une justice sociale et environnementale, comme le fait en substance François Briens dans sa thèse d'État « *la décroissance au prisme de la modélisation prospective* » (dont les chapitres d'introduction et de conclusion sont très accessibles au grand public).

Dans cette optique, « Ralentir, ne pas nuire, simplifier, s'abstenir » sont des mots d'ordre, proposés par Philippe Bihouix en conclusion de son livre, L'*âge des Low Tech*, auxquels nous sommes de plus en plus nombreux.es à nous intéresser pour guider la technologie.

Isabelle Stengers quant à elle nous rappelle qu'*Une autre science est possible* dans le livre éponyme, alors que Pablo Servigne et Gauthier Chapelle démontrent que *L'entraide est l'autre loi de la jungle*.

Le livre que vous avez entre les mains illustre cette autre science créative, responsable, durable, citoyenne et qui prend soin des gens et de la planète.

Alors … bien sûr, comparées aux mastodontes sus-nommés (de la 5G au nucléaire), les puces RFID passent inaperçues dans le paysage, petit sujet anecdotique et quasi insignifiant, et il est loin d'être sûr qu'il y aurait de la place dans une convention citoyenne pour en parler.

Mais ce qui est certain, c'est qu'une telle convention devrait s'inspirer très largement pour travailler de la philosophie, la démarche et la posture d'Étienne Lemaire dans le présent livre, sans omettre de travailler autour de cette problématique ancienne : « Un peuple prêt à sacrifier un peu de liberté pour un peu de sécurité ne mérite ni l'une ni l'autre, et finit par perdre les deux » (citation apocryphe attribuée à Benjamin Franklin). Il est temps qu'enfin les décisions des grandes orientations de recherche reviennent aux citoyen.ne.s et ne soient plus dictées par l'envie des scientifiques de s'éclater avec leur cerveau, par la poursuite puérile d'accomplir des rêves de science-fiction, par la volonté d'aller toujours plus vite, toujours plus loin à n'importe quel prix ou, comme me l'a dit un de mes anciens directeurs de laboratoire de recherche publique que je titillais plus ou moins gentiment en réunion, peu avant ma démission : « arrête avec ton éthique et ton service public, on est là pour œuvrer à la compétitivité de nos entreprises ».

Et j'ajouterai, plus personnellement, qu'il n'est pas tout à fait exclu que l'Amour soit plus efficace pour le vivre-ensemble que les innovations technologiques … Et si le prochain stade du progrès était une belle coexistence entre l'Amour et la Science ?

Sommaire

Remerciements

À vous lectrice ou lecteur,
*   Je vous remercie et j'espère que ce livre vous a été utile.*

À toutes celles et ceux qui ont contribué de près ou de loin à
ce livre et au parcours qui m'y a amené,
*   MERCI.*

Aux anciennes et aux anciens partis, qui me sont chers,
*   MERCI.*

À toutes celles et tous ceux que j'aime,
*   MERCI.*

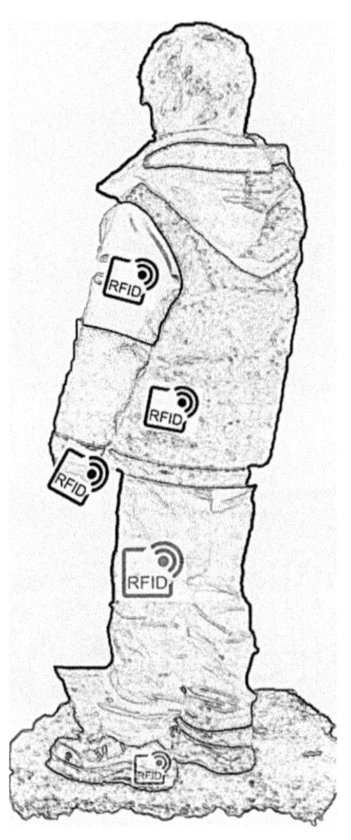

RFID
RFID
RFID
RFID
RFID

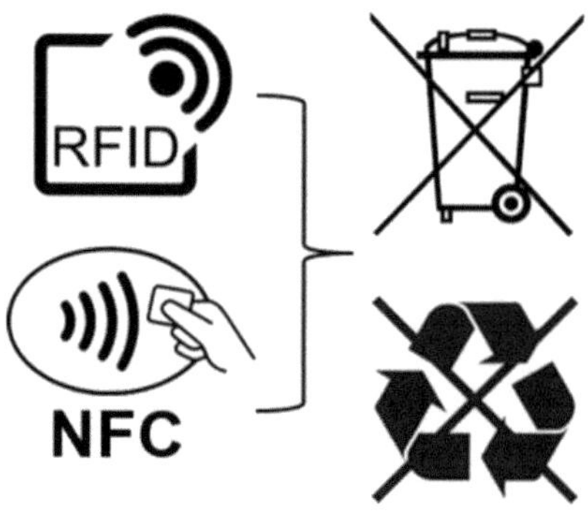

Le gaspillage technologique est dangereux pour la nature, les systèmes et les données numériques sont à consommer avec modération.